彩色图解

看图读懂汽轮机

童大鹏　尤　江　合编
周国平　主审

中国电力出版社
CHINA ELECTRIC POWER PRESS

内容提要

本书从汽轮机专业岗位入门的角度出发，采用科普读本的形式对汽轮机基础知识进行介绍，内容以船用汽轮机为主，包括汽轮机的产生、工作原理、结构、调节与控制、辅助设备、运行管理六个方面，结合大量图片和数字资源，采用尽量通俗的文字表述，力求做到深入浅出，通俗易懂。

本书可作为院校能源动力专业本科和高等职业教育相关专业辅助教材，也可作为船舶动力行业工程和维修人员培训教材。

图书在版编目（CIP）数据

看图读懂汽轮机 / 童大鹏，尤江合编. — 北京：中国电力出版社，2023.12（2025.11 重印）
ISBN 978-7-5198-8338-6

Ⅰ. ①看… Ⅱ. ①童… ②尤… Ⅲ. ①蒸汽透平－普及读物 Ⅳ. ① TK26-49

中国国家版本馆 CIP 数据核字（2023）第 234195 号

出版发行：中国电力出版社
地　　址：北京市东城区北京站西街 19 号（邮政编码 100005）
网　　址：http://www.cepp.sgcc.com.cn
责任编辑：李　莉（010-63412538）
责任校对：黄　蓓　郝军燕
装帧设计：赵姗姗
责任印制：吴　迪

印　　刷：北京锦鸿盛世印刷科技有限公司
版　　次：2023 年 12 月第一版
印　　次：2025 年 11 月北京第二次印刷
开　　本：710 毫米 ×1000 毫米　16 开本
印　　张：9.25
字　　数：138 千字
定　　价：58.00 元

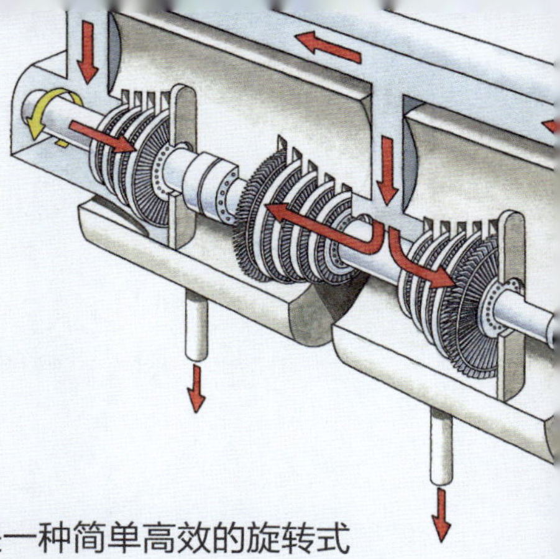

前言

汽轮机又称蒸汽透平，从工作原理来看，汽轮机是一种简单高效的旋转式热机，蒸汽输入推动叶轮旋转实现对外做功，就这么简单；从实际应用来看，汽轮机是现代工业中重要的动力机械，包含汽轮机组、冷凝器、给水机组、调节控制系统等大量设备，涉及热力学、流体力学、机械、电子等诸多学科，庞大又复杂。

本书尝试用一种新的表达方式来介绍船舶汽轮机专业理论，力求在保证专业知识全面性和准确性的基础上，降低学习阅读的难度。针对现代信息社会人们快速阅读的习惯，将大量专业知识进行凝练和简化，将抽象的结构、原理内容通过大量彩图直观呈现，并通过二维码形式配有二维、三维动画，将知识点化难为易、化繁为简。同时本书在编写过程中也努力避免知识碎片化，按照一般认知规律由浅入深地进行系统性介绍，力争做到主线鲜明、逻辑清晰，知识点之间联系紧密。

本书由中国人民解放军海军士官学校童大鹏、尤江二位老师合编。编者在创新教材编写方面做了大胆尝试。得益于周国平业务长担任教材主审，在编写过程中给予了悉心指导，提出的许多宝贵意见使编者受益匪浅。同时，本书在编写过程中，参考了兄弟院校和科研院所的诸多文献、资料，在此表示衷心的感谢。

由于编者水平和经验所限，在内容选取、文字撰写等方面还不够成熟，不妥之处恳请读者给予批评指正。

编　者

2023 年 11 月

目 录

CONTENTS

前言

第 1 章 汽轮机的产生

1.1 从古希腊到工业革命 …… 02
1.2 瓦特与蒸汽机 …… 05
1.3 蒸汽轮机的问世 …… 08
1.4 中国的“争气机” …… 11
1.5 汽轮机组“三剑客” …… 14

第 2 章 汽轮机的工作原理

2.1 蒸汽——优良的载热工质 …… 20
2.2 蒸汽如何产生 …… 24
2.3 蒸汽在汽轮机中的流动 …… 27
2.4 蒸汽在汽轮机内的能量转化 …… 30
2.5 蒸汽动力装置工作原理 …… 34
2.6 蒸汽动力装置循环 …… 37

第 3 章 汽轮机的结构

3.1 喷嘴——能量之流的“源头” …… 42
3.2 汽缸——坚实严密的“躯体” …… 45
3.3 转子——高速稳定的“核心” …… 48
3.4 叶片——精巧有力的“推手” …… 51
3.5 围带——紧密团结的“纽带” …… 54
3.6 汽封——严防死守的“关口” …… 57
3.7 轴承——刚柔并济的“支撑” …… 61

第4章 汽轮机的调节与控制

4.1 汽轮机的操控——不是“踩油门”那么简单……70
4.2 调车装置——汽轮机的“油门”……73
4.3 控制系统——汽轮机的“ECU”……76
4.4 保护系统——汽轮机的“保险”……82

第5章 汽轮机的辅助设备

5.1 减速齿轮箱——并车减速联轴系……88
5.2 冷凝器——凝汽为水保真空……92
5.3 射汽抽气器——抽除空气提真空……96
5.4 汽轮循环水泵——循环供水助冷凝……99
5.5 汽轮给水机组——多泵抽水并增压……102
5.6 除氧器——给水除氧防腐蚀……105
5.7 汽轮滑油泵——机组润滑全靠它……108

第6章 汽轮机的运行管理

6.1 为什么说启动是汽轮机运行中最重要的阶段？……114
6.2 汽轮机启动前为什么要进行暖机？……118
6.3 汽轮机试车应该如何组织？……122
6.4 冷凝器真空无法保持怎么办？……125
6.5 汽轮机发生振动的原因是什么？……129
6.6 汽轮机停止使用需要完成哪些工作？……133
6.7 汽轮机在特殊工况下的管理需要注意什么？……136

参考文献……140

第1章
汽轮机的产生

人类对蒸汽的应用最早可以追溯到两千多年前的古希腊时代，但是在当时并没有得到工程应用。直到瓦特改良蒸汽机，蒸汽机才进入了大规模推广的实用化阶段，成为广泛适用于采煤、纺织、冶金等领域的“万能的原动机”。最初的蒸汽机采用的是活塞往复式结构，但是热效率太低。为了提高蒸汽利用效率，同时鉴于活塞结构的缺陷，利用蒸汽能量的原始雏形——希罗球又重回历史舞台。

1.1 从古希腊到工业革命

工业革命开始于18世纪60年代，主要标志就是以机器取代人力、以大规模工厂化生产取代个体手工生产。作为推动工业革命的主要因素之一，蒸汽机可谓居功至伟，是工业革命的内在“动力”。

那么，蒸汽机是谁发明的呢？

如果我们去寻找蒸汽机真正的发明者，恐怕很难找到一个标准答案。世界上最早的蒸汽机雏形可以追溯到两千多年前的古希腊时代。当时，人们就已经发现了蒸汽具有推动物体运动的能力。公元前150年，古希腊数学家希罗设计制造出的希罗球（见图1-1），是已知最早的以蒸汽为动力的机器，也是反动式透平的原始形式。希罗在他所著的《气体装置论》一书中，详细描述了希罗球的工作过程。希罗球是支撑在两根垂直导管上的空心球

体，当用火加热下面容器内的水时，蒸发出来的蒸汽沿两根导管分别进入球内，从球上的两根相反方向的弯管喷出，由于喷汽的反作用力，球沿着与喷汽流动相反的方向旋转。由于当时的经济条件和技术条件所限，这种雏形并没有进一步发展成工业上的发动机，只是成为达官贵人有趣的玩具。

希罗

希罗（Heron），又称亚历山大里亚的希罗（Hero-of- Alexandria），是古希腊数学家，居住于罗马行省的亚历山大里亚，同时也是一名活跃于其家乡亚历山大港的工程师。他发明了一种叫汽转球的蒸汽机，是有文献记载以来的第一部蒸汽机。他还发明了许多机器，例如自动售卖机、注射器、蒸气风琴等。

图 1-1　希罗球

作为利用气体能量的雏形，还可以追溯到我国古代具有悠久历史的走马灯、风车、火轮等。图 1-2 是走马灯的结构示意，走马灯中的烛火加热气流，热气流上升对叶轮施加一个冲动力，叶轮旋转并带动灯筒一起转动。灯筒上有剪纸，烛光将剪纸上的影子投射在屏上，景象便不断变动。《燕京岁时记》中对走马灯有精辟的概括："走马灯者，剪纸为轮，以烛嘘之则车驰马骤，团团不休，烛灭则顿止矣。"走马灯的发明，反映了当时人们已经能够利用空气对流的原理，可以说是现代冲动式透平的雏形。

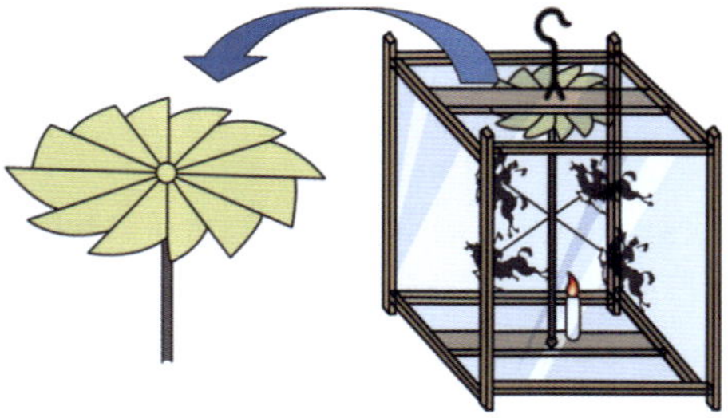

图 1-2　走马灯

蒸汽动力在古埃及的希腊化时期已为人知，甚至得到应用；但是，当时仅用于剧院和高端宴会上的辅助表演。直到 18 世纪的英国，为了从矿井里抽水和转动新机械的叶轮，急需一种新的动力之源，这一迫切需求引起了一系列发明和改进，最后研制出适宜大量生产的蒸汽机。在瓦特改良蒸汽机之前，整个生产动力依靠人力和畜力。伴随着蒸汽机的发明和改进，工厂不再依河或溪流而建，很多以前依赖人力与手工完成的工作被机械化生产所取代，由此把人类推向了崭新的"蒸汽时代"。

知识重点

冲动作用原理是当一个运动物体碰到另外一个运动速度比其低的物体时，就会受到阻碍而改变其速度，同时给阻碍它的物体一个作用力，这个作用力被称为冲动力。

反动作用原理是当一个物体对另外一个物体施加一个作用力时，这个物体必然要受到与其作用力大小相等、方向相反的反作用力。在该力作用下，另外一个物体产生运动或加速。这个反作用力称为反动力。

1.2 瓦特与蒸汽机

据说少年瓦特有一天呆呆地看着炉子上烧水的水壶，水烧开后，水壶盖被蒸汽顶开，一上一下地跳动。瓦特从中意识到蒸汽蕴藏着巨大的能量，因而埋下了将来发明蒸汽机的种子。实际上，蒸汽机的发明过程并没有这么简单，它是经过一百多年，由几代人接力式的辛勤工作才完成的。瓦特并没有发明蒸汽机，而是改良了蒸汽机。瓦特改良过的蒸汽机进入了大规模推广的实用化阶段，成为广泛适用于采煤、纺织、冶金等领域的“万能的原动机”。

一直到 17 世纪才诞生现代意义上的蒸汽机。1679 年，法国物理学家丹尼斯·帕潘设计了一种带阀门的高压锅，在观察到蒸汽逃离高压锅的现象之后他制造了第一台蒸汽机的工作模型。1698 年，英国工程师托马斯·塞维利发明了一种用于矿井抽水的蒸汽提水机，提水机依靠真空的吸力汲水，汲水深度不能超过 6m。为了从几十米深的矿井汲水，须将提水机装在矿井深处，用较高的蒸汽压力才能将水压到地面上。1712 年，英国一位铁匠纽可门创造了第一台实用型蒸汽机（见图 1-3），来解决煤矿

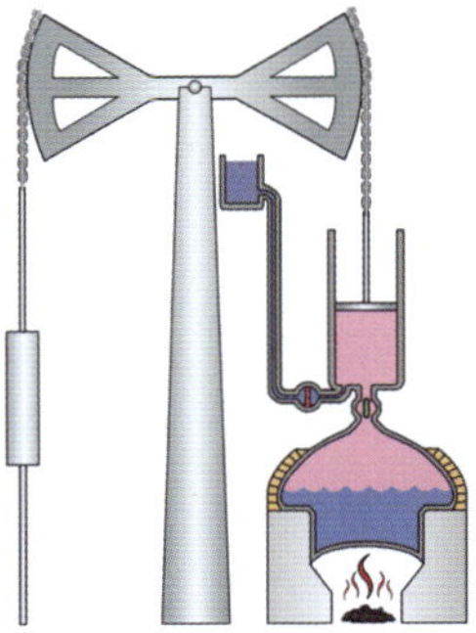

图 1-3　纽可门蒸汽机

纽可门蒸汽机主要包括汽缸、活塞和锅炉。汽缸下部有蒸汽阀门，当阀门打开时，从锅炉来的蒸汽可以在活塞下充满汽缸，蒸汽推动活塞向上运行。当活塞到达顶点时，关闭蒸汽阀门，打开冷水阀门，向汽缸外壁喷射冷水。冷水使蒸汽冷凝并在汽缸内形成真空，活塞上端受大气压力将活塞下推。这种周而复始的活塞上下推动形成了蒸汽机动力冲程。

和锡矿快速抽水的动力问题，其中独立的提水泵是由大气式蒸汽机驱动的。它拥有相当于 20 匹马同时工作的动力（1 马力等于 0.735 千瓦），可以把几十米深的矿井中的水抽至地面上。纽可门大气式蒸汽机的热效率很低，这主要是由于蒸汽进入汽缸时，在刚被水冷却过的汽缸壁上冷凝而损失大量热量，因此只在煤价低廉的产煤区才得到推广应用。1764 年，英国的仪器修理工詹姆斯 · 瓦特为格拉斯哥大学修理纽可门蒸汽机模型时注意到了这一缺点，于 1765 年发明了可将凝汽器与汽缸壁分开的蒸汽机，并于 1769 年取得了英国的专利。

1782 年前后，瓦特将机器进一步改进，完成了两项重要发明：一是在活塞工作行程的中途，关闭进汽阀，使蒸汽膨胀做功以提高热效率；二是使蒸汽在活塞两面都做功（双作用式），以提高输出功率。瓦特还发明了平行四边形机构，并于 18 世纪末将曲柄连杆机构用在蒸汽机上。瓦特的创造性工作使蒸汽机迅速发展，他使原来只能提水的机械，成为可以普遍应用的蒸汽机（见图 1-4）。为了纪念瓦特这位伟大的发明家，人们把常用的功率单位定为瓦特，简称瓦。

与蒸汽机有关的重要发明见表 1-1。

表 1-1 与蒸汽机有关的重要发明

时间	发明内容
1698 年	英国工程师托马斯 · 塞维利制造出第一台蒸汽提水机
1712 年	英国铁匠托马斯 · 纽可门获得了稍加改进的蒸汽机的专利权
1769 年	詹姆斯 · 瓦特改良纽可门的蒸汽机为“单动式蒸汽机”，使其效率大为提高
1782 年	瓦特改良蒸汽机为“联动式蒸汽机”，使蒸汽机在棉纺织业中得到应用
1807 年	美国的罗伯特 · 富尔顿造出用蒸汽机做动力的轮船“克莱蒙”号
1825 年	英国的乔治 · 斯蒂芬森发明的蒸汽机车试车成功
1862 年	徐寿和华蘅芳合作造出中国人的第一台蒸汽机

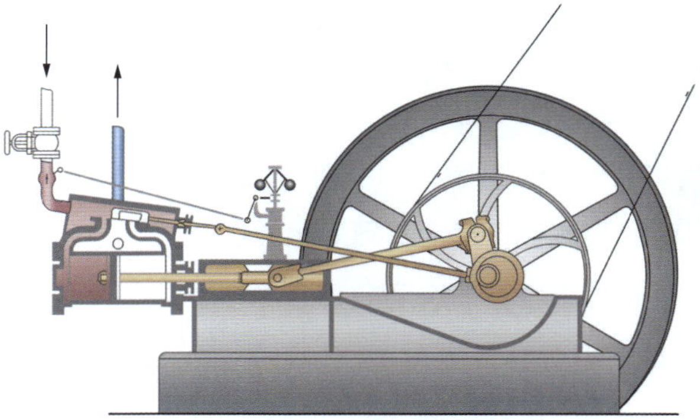

图 1-4 瓦特蒸汽机

中华小讲堂

徐寿（1818—1884），中国清末科学家、翻译家，中国近代化学的启蒙者

华蘅芳（1833—1902），中国清末数学家、科学家和教育家，中国近代科学的先驱

1862年，徐寿和华蘅芳二人仅靠一张《博物新编》上蒸汽机的概念图，再加上在外国小轮船边蹲守了一天，就研制出了中国第一台蒸汽机。该蒸汽机的性能与当时世界上最先进的往复式蒸汽机相差无几。两年后，二人又合作制成一艘木壳轮船“黄鹄”号，船长50余尺，时速40余里，主机为斜卧式双联蒸汽机，是中国人自行设计的第一艘轮船，中国近代的造船工业由此正式启航。

1.3 蒸汽轮机的问世

1782 年，瓦特改进了蒸汽机，将蒸汽提水机变成了可作为动力机的活塞式蒸汽机，在此基础上出现了蒸汽动力机车等蒸汽驱动设备，就此拉开了第一次工业革命的序幕。在蒸汽机不断改进的同时，对于蒸汽的发生设备，也就是锅炉的改进也从未止步。锅炉改进的一个主导思想就是尽可能地提高锅炉产生蒸汽的压力。根据热力学原理，锅炉出口的蒸汽参数越高，热力循环的热效率也越高。在 17 世纪 80 年代，锅炉产生的蒸汽压力只是略高于大气压，基本上和如今家用的高压锅压力相当，究其原因就在于当时的锅炉用钢质量不高。锅炉用钢的要求是在高温下具有一定的强度和刚度，材料不过关将直接导致锅炉耐压不足而无法产生高压的蒸汽。随着钢技术的进步，锅炉中的蒸汽压力不断提高。

为了利用高压蒸汽，鉴于活塞运动结构的加工难度和密封问题，工程技术人员只能将目光转向其他的动力系统结构形式。这时，有人想起了利用蒸汽能量的雏形——希罗球。前面介绍过，希罗球在两千年来都没有得到实际的工程应用，主要就是因为蒸汽压力不足。现在这个问题被克服了，那么这种蒸汽传动结构自然而然地重新登上了历史舞台（见图 1-5）。

1882 年，瑞典工程师卡尔・拉瓦尔解决了喷嘴设计和强度设计问题，制造出了世界上第一台蒸汽轮机。这是一台 5 马力的单级冲动式汽轮机（见图 1-6），它的叶轮在高温高压蒸汽的驱动下，每分钟的运转速度高达 18000 转。1877 年，英国工程师查尔斯・阿尔杰农・帕森斯爵士根据水轮机原理，开始研究并设计汽轮机。他利用高压蒸汽沿着轴向通过一系列透平叶片，使叶片高速旋转从而将动能转化为机械功的原理，研制出多级反动式汽轮机。1884 年，帕森斯制造出一台 10 马力的多级反动式汽轮机，并于当年取得轴流式多级反动式汽轮机的专利权。这台汽轮机的功率和效率在当时都处于领先地位。20 世纪初，美国人布朗 · 柯蒂斯制造出有多个速度级的汽轮机，每个速度级上有两列动叶，在第一列动叶后的汽缸上装有导向叶片，将蒸汽导向第二列动叶，提高了蒸汽的利用效率，此技术一直沿用至今。现在的速度级汽轮机只用于小型汽轮机上，主要驱动泵、鼓风机等，也常用作中小型多级汽轮机的第一个级。

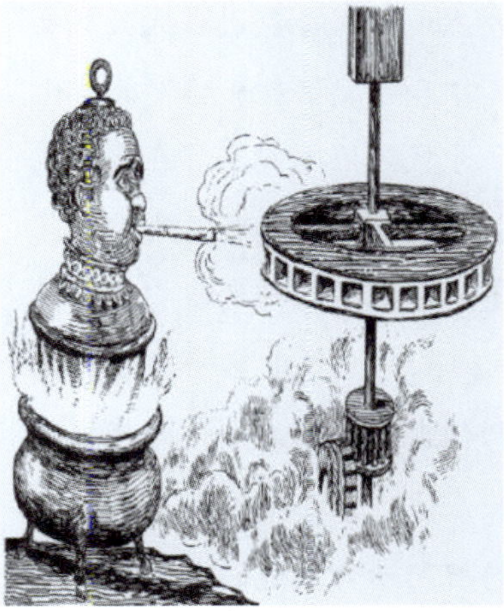

图 1-5　蒸汽冲动叶轮原理图

卡尔 · 拉瓦尔（1845—1913），瑞典工程师，发明了单级冲动式汽轮机和高速奶油离心分离机

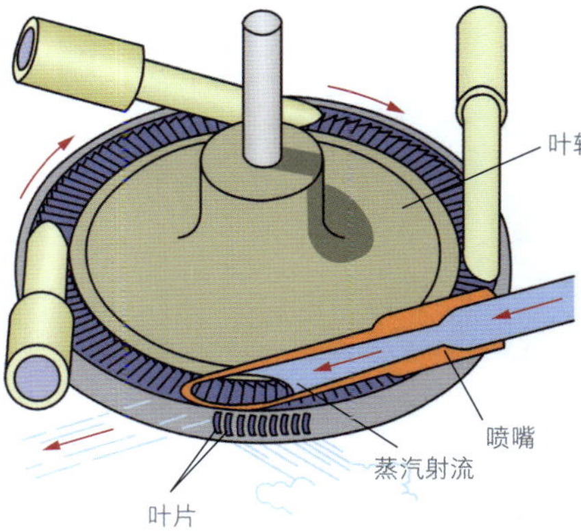

图 1-6　拉瓦尔单级汽轮机工作原理

蒸汽通过特殊形状的喷嘴后形成高速射流，冲击叶轮上的叶片，从而带动叶轮旋转。

虽然当时的汽轮机和现在的汽轮机相比结构非常简单，但是由此推动了汽轮机在世界范围内的使用，被广泛应用在电力、冶金、钢铁、纺织、化工、船舶等各个领域中。

趣味小知识

1897 年 6 月 26 日，英国皇家海军包括 50 艘战列舰在内的 170 艘战舰在斯皮特黑德海面排成长达 8.6 千米的两列纵队庆祝女王登基 60 周年。由于女王已年近八旬，由王储，即未来的爱德华七世乘坐皇家游艇“维多利亚和阿尔伯特”号代为检阅舰队。在阅舰式中出现了一个不速之客，一艘不在受阅舰艇之列的小艇突然闯入队列，以极快的速度摆脱了警戒舰艇的追逐，超越了在场的所有舰船。这艘小艇名为“透平尼亚”号（见图 1–7），是世界上第一艘以蒸汽轮机驱动的船舶，它的设计者就是工程师帕森斯。帕森斯借助阅舰式这个窗口以创纪录的 34.5 节（约 64 千米 / 时）速度向世人展示了新型蒸汽动力装置的优越性，并引发了一场舰船动力系统的革命。

查尔斯·阿尔杰农·帕森斯（1854—1931），19 世纪著名的科学家和发明家，发明了帕森斯涡轮机

图 1–7 世界上第一艘蒸汽轮机船（透平尼亚）号在高速行驶

1.4 中国的“争气机”

新中国成立初期，随着国家建设的长足发展，电力供需矛盾日趋紧张。为满足生产建设用电的需要，同时考虑到要改变我国发电设备完全依赖进口的落后状况，必须要发展自己的发电设备制造工业。在国家第一个五年计划的第一年——1953 年，新成立的上海汽轮机厂承担了试制中国第一台 6 千千瓦汽轮机的重任（见图 1-8）。

图 1-8　中国自主研制的第一台 6 千千瓦汽轮机

成立初期的上海汽轮机厂是个只能生产电动葫芦、小型水泵等产品的通用机器厂。当时的客观条件是只有斯洛伐克提供了属于世界先进水平的捷克汽轮机图纸和一个专家组，设备上除了上级批准引进一台动平衡机外，一律要求使用工厂原有旧设备。汽轮机要在高温、高压下持续高速运转，技术含量极高，而一台汽轮机由七万多个零件组成，关键零件加工精度要精确到 1 丝（1 丝等于 0.01mm），在当时的条件下实现汽轮机的自行生产，其困难可想而知。

最突出的难点就是汽轮机叶片的加工。叶片是汽轮机的核心关键零件，被视为汽轮机中的“心脏”。机组中有两千多片叶片，仅在小小的叶根上，就有 3 到 5 个地方的精度不允许超过 0.9 丝，而当时我国最好的铣床加工出的叶根公差是 2 丝。为此，原中央第一机械工业部部长黄敬两次来到工厂蹲点，深入汽轮机的研发与生产。在试制最紧张的时刻，黄敬部长与工人师傅并肩作战，他白天查阅图纸掌握汽轮机技术难点，到现场查看汽轮机生产情况，晚上则与工人师傅在宿舍里促膝谈心，商量对策，历时三个月，直到工厂制造的转子和叶片达到质量要求（见图 1-9），真正做到了“一丝不苟”。功夫不负有心人，在攻克了无数的难关之后，我国第一台 6 千千瓦汽轮机在 1955 年试制成功，安装于安徽的淮南电厂（见图 1-10）。

面对厂房设备、技术、人员都不具备制造现代化发电设备的现状，上海汽轮机厂全体职工在“一丝不苟、精益求精”的精神引领下，采取各种有效措施，千方百计，凭手工精雕细琢，奇迹般地克服了无数的困难。中国第一台 6 千千瓦汽轮机的诞生，为我国汽轮机制造业翻开了崭新的一页，他们的光荣事迹将永远镌刻在中国汽轮机制造业的史册上。

图 1-9 第一台 6 千千瓦汽轮机的转子

图 1-10 第一台 6 千千瓦汽轮机在安徽淮南电厂投产

中华小讲堂

1955年，上海汽轮机厂制造出第一台6千千瓦汽轮机。1964年，哈尔滨汽轮机厂第一台10万千瓦机组在北京高井电厂投入运行。1974年，东方汽轮机厂建成投产，生产了第一台7.5万千瓦高压汽轮机。经过半个多世纪的发展，我国汽轮机技术研发制造体系已基本建立并日益完善，自主研发的汽轮机组功率和参数已经从6千千瓦汽轮机发展到100万千瓦超超临界压力汽轮机，在我国汽轮机产量大幅度提高的同时，汽轮机技术的影响力和核心竞争能力也在不断提升，百万千瓦汽轮机装备制造工艺水平已经处于世界顶尖水平（见图1–11和图1–12）。

图1–11　广东江门台山核电站单机容量175万千瓦核电汽轮机组

图1–12　东方电气百万千瓦核电汽轮机低压转子

1.5 汽轮机组“三剑客”

船舶蒸汽动力装置一般由锅炉和汽轮机组构成（见图1-13）。蒸汽由锅炉产生后进入汽轮机，在汽轮机内逐级膨胀，蒸汽的部分热能转化为动能，推动汽轮机转子转动，进而转化成汽轮机轴上输出的机械能。汽轮机轴通过联轴器、齿轮减速箱和轴系带动螺旋桨推进器转动，螺旋桨推进器将轴系传递的机械能再转化为推动水的推力，从而推动船舶运动。在汽轮机内做完功的蒸汽排到冷凝器内，将汽化潜热释放给冷却水，蒸汽重新凝结成水，由锅炉水泵加压后送回锅炉。汽轮机、齿轮减速器、冷凝器共同组成了汽轮机组“三剑客”。

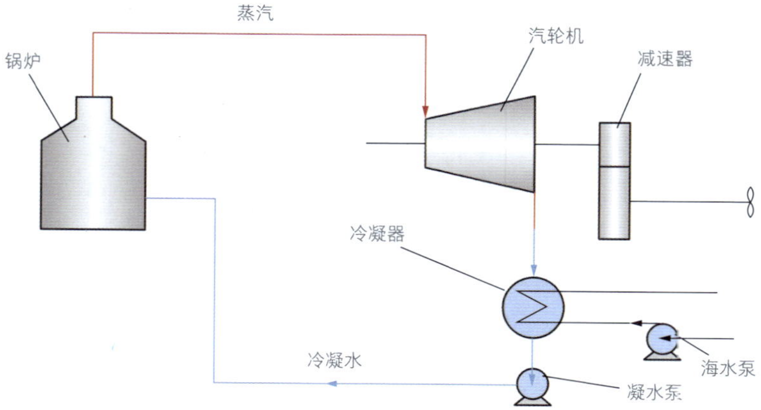

图 1-13　船舶蒸汽动力装置简图

不过，“三剑客”的组合配置并不是一蹴而就的，而是经历了相当曲折的过程。早期的船舶蒸汽轮机都是直接通过传动轴推动螺旋桨的，但螺旋桨在较低的转速下效能更优，而汽轮机的转速又比较高。螺旋桨在高速转动下会发生空泡效应，造成实际输出功率下降，导致船舶无法达到设计航速。1910 年，单级齿轮减速蒸汽轮机“透平尼亚”号（见图 1-14）的出现解决了汽轮机和螺旋桨之间的转速匹配问题，它的发明者就是英国工程师帕森斯。

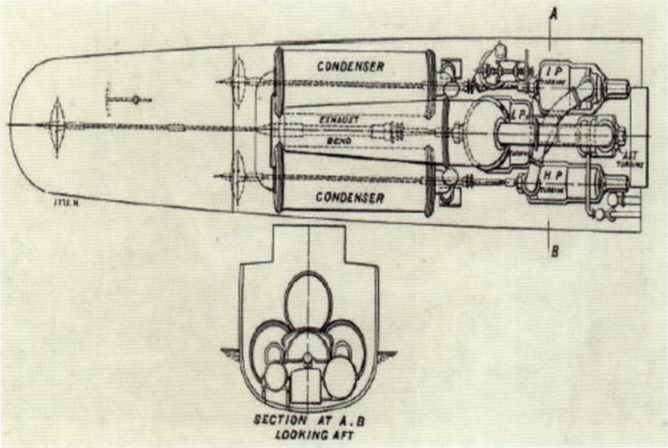

图 1-14 “透平尼亚”号动力系统布局

> 最初的“透平尼亚”号采用单轴单螺旋桨推进，试航时行驶速度远低于设计值，仅仅达到 19.75 节。帕森斯分析了首航失利的原因，首要原因是螺旋桨故障，螺旋桨表面损伤严重。
>
> 帕森斯对“透平尼亚”号进行了改良，重新布置动力系统，改用三根推进轴，其中高、中、低压汽轮机各驱动一根轴，新的动力系统有效避免了螺旋桨故障。
>
> 高、中、低压汽轮机后安装有两台蒸汽冷凝器。

在“透平尼亚”号试航期间，帕森斯就注意到了螺旋桨在高转速下会发生严重的空泡效应问题，并且设计了空泡水槽对此进行研究。降低螺旋桨的转速是克服空泡效应唯一有效的途径。要让高转速的汽轮机轴带动低转速的螺旋桨，最直接也是最有效的方法就是通过齿轮机构进行减速（见图 1-15）。但是设计齿轮联动减速机构面临着相当多的问题，首先就是汽轮机的经济转速非常高，而螺旋桨的经济转速相当低，这就需要减速机构具有较大的减速比。大减速比齿轮机构需要非常高的加工精度，要求在高湿、高盐环境和汽轮机高功率输出下具有高可靠性和高使用寿命。另外，齿轮联动减速也需要重新设计汽轮机的控制系统，维持不同压力级的汽轮机组在不同功率输出下的转速比不能发生大的波动。所以，齿轮联动减速这个看似简单的问题，在当时的技术条件下，实现起来却并不简单。直到 1910 年，帕森斯航海用蒸汽涡轮公司才拿出了第一个实用化的船用齿轮减速蒸汽轮机方案。

图 1-15　齿轮减速汽轮机内部的齿轮联动减速机构

1915 年，英国皇家海军勇敢级大型轻巡洋舰率先采用齿轮联动减速汽轮机作为主机，配备有四台帕森斯式单级齿轮减速蒸汽轮机，另有十八座重油锅炉，可以输出 90000 轴马力，航速最高 32 节，后被改造成航空母舰（见图 1-16）。

图 1-16　改造成航空母舰的勇敢级大型轻巡洋舰

知识重点

同学们知道“水滴石穿”背后的原因是空泡效应吗？

空泡是在液体介质遭到连续性破坏的基础上出现的，是压力降低的结果。当液体内某点压力降低到临界压力以下时，液体层发生汽化，先是微观的，然后成为宏观的小气泡，而后在液体内部或液体与固体的交界面上，汇合形成较大的气体空腔，称为空泡。空泡会导致螺旋桨发生汽蚀、噪声、振动和推进效率降低。

第 1 章　思维导图

- 汽轮机的产生
  - 古人的智慧
    - 古希腊的“希罗球”
      - 利用蒸汽反动力
    - 汉代的“走马灯”
      - 利用热空气冲击力
  - 工业的创新
    - 蒸汽机
      - 纽可门：第一台实用型蒸汽机
      - 瓦特：改进蒸汽机推动工业革命
      - 徐寿和华蘅芳：造出中国第一台蒸汽机
    - 汽轮机
      - 1882 年：瑞典拉瓦尔——第一台汽轮机
      - 1877 年：英国帕森斯——多级反动式汽轮机
      - 20 世纪初：美国柯蒂斯——多级冲动式汽轮机
  - 中国的成就
    - 汽轮机的发展
      - 1953 年：成立上海汽轮机厂
      - 1955 年：研制出中国第一台汽轮机
      - 1964 年：10 万千瓦机组诞生
      - 2006 年：100 万千瓦机组总装完成
    - 汽轮机“四大家”
      - 上海汽轮机厂
      - 东方汽轮机厂
      - 哈尔滨汽轮机厂
      - 北京汽轮机厂

第2章 汽轮机的工作原理

汽轮机是透平机械的一种。透平一词来源于英文 Turbine 的音译，其含义是一种旋转式的流体动力机械。透平机械的共同特点是可以将流体（气体或液体）的能量转化为机械能，推动装有叶片的转子做高速旋转运动，包括汽轮机、燃气轮机、水轮机和风力机等。其中，汽轮机是以水蒸气为工质，可以将蒸汽的热能转化为机械能的透平机械。

2.1 蒸汽——优良的载热工质

水蒸气是蒸汽轮机中的流动工质，也是人类在热能机械中最早使用的工质。

水蒸气具有膨胀性能好、流动性好、传热性能好、热力性质稳定、便宜、易得、无毒等诸多优点，同时，水蒸气的热能转化为汽轮机轴输出的机械能后，排放的废蒸汽仍具有一定的能量，可作为加热源使用，回收低品位蒸汽余热；蒸汽从比较高的温度到比较低的温度，可实现梯级使用，具有可观的节能效益。由于水蒸气具有以上特点，水蒸气至今仍是热力系统中应用的重要工质。

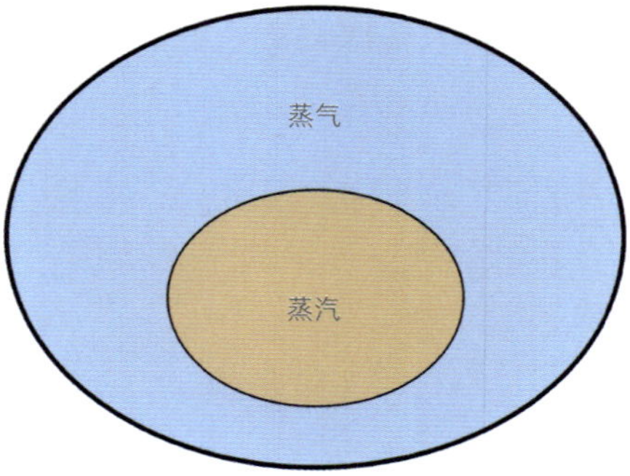

图 2-1　蒸气与蒸汽

“蒸气”的概念比“蒸汽”广（见图 2-1），“蒸气”包括“蒸汽”。凡是液体或固体（如水、氨、氟利昂等）因蒸发、沸腾或升华而变成的气体，都可以叫“蒸气”；而“蒸汽”则专门指气态的水，即“水蒸气”。

通俗地讲，“水蒸气”是看不见的气体，而“蒸汽”是看得见的雾状液体，更靠近液态。

表 2-1 给出了有关水蒸气的一些基本知识。

表 2-1 有关水蒸气的一些基本知识

概念	释义
汽化	液体转变为蒸气的现象称为汽化
液化	蒸汽（或气体）转变为液体的现象称为液化，也可称为凝结
蒸发	液体表面上较缓慢地进行的汽化现象称为蒸发。任何温度下，蒸发都可以进行
沸腾	液体内部进行的剧烈的汽化现象称为沸腾。沸腾时的温度与液体所受的压力有关，压力较低，液体可在较低的温度下沸腾；压力较高，液体沸腾时的温度也较高
饱和温度、饱和压力	液化速度取决于蒸汽的压力，汽化速度取决于液体的温度。当汽化速度等于液化速度时，若不对之加热或放热以改变其温度，气、液两相将处于动态平衡。两相平衡的状态称为饱和状态。饱和状态时的压力，称为饱和压力，此时的温度称为饱和温度。两相平衡时的蒸汽称为饱和蒸汽，该液体柜应地称为饱和液体
湿蒸汽	湿蒸汽是蒸汽与其液体的混合物。湿蒸气中的蒸汽和液体处于两相平衡，所以两者都是饱和状态。湿蒸汽就是湿饱和蒸汽的简称
干饱和蒸汽	不含液体的饱和蒸汽为干饱和蒸汽
过热蒸汽	在一定压力下，温度高于该压力下的饱和温度的热蒸汽称为过热蒸汽。过热蒸汽温度与饱和蒸汽温度之差称为过热度
过冷液体	在一定压力下，温度低于对应的饱和温度的液体称为过冷液体或未饱和液体

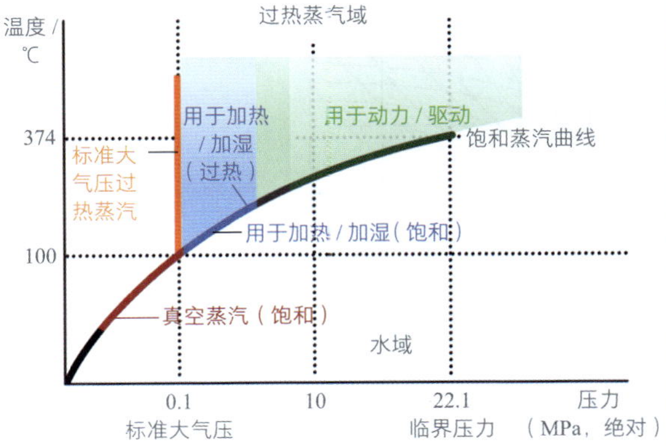

图 2-2 蒸汽的典型应用

一般情况下，水蒸气的性质与理想气体差别很大，为了便于工程计算，将不同温度和压力下的未饱和水、饱和水、干饱和蒸汽和过热蒸汽的状态参数绘成线图。

图 2-2 中黑色曲线表示饱和蒸汽的状态参数曲线，线以上的区域表示过热蒸汽，线以下的区域表示液态水。

部分饱和水和饱和水蒸气的热力性质见表 2-2。

表 2-2　　饱和水和饱和水蒸气的热力性质

压力 / MPa	温度 /℃	比焓 / (kJ/kg)		比熵 /[kJ/(kg·K)]	
		液体	蒸汽	液体	蒸汽
0.08	93.5	391.71	2665.3	1.23	7.43
0.09	96.7	405.2	2670.5	1.27	7.39
0.1	99.6	417.5	2675.1	1.30	7.36
0.12	104.8	439.4	2683.3	1.36	7.30
0.14	109.3	458.4	2690.2	1.41	7.25

注：水与水蒸气表有两种，一种是饱和水与饱和水蒸气表，另一种是未饱和水与过热蒸汽表。这里仅显示部分数据。

如表 2-2 所示，在一个大气压下（0.1MPa），水在 99.6℃时沸腾，把 1kg 水从 0℃加热到 99.6℃需要吸收 417.5kJ 的热量。如果把 1kg 水从 100℃加热成 100℃的蒸汽，需要再吸收 2257.6kJ 的热量。因此，同样是 100℃，水蒸气比水多携带了 2257.6kJ 的热量，因此蒸汽更适于作为载热工质。

工程上分析水蒸气的热力过程时，最常用的是水蒸气的焓熵图（见图 2-3）。

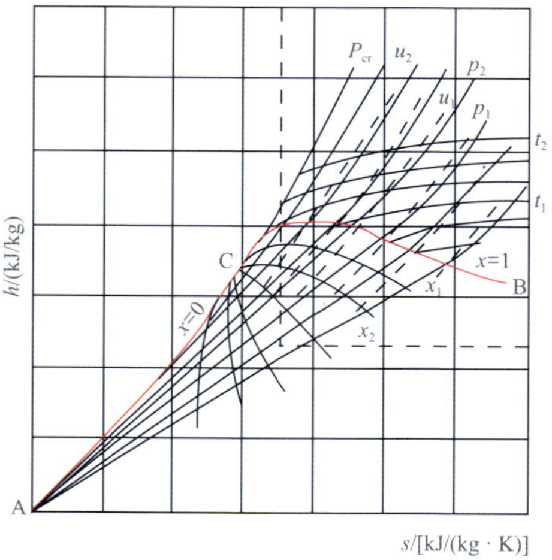

图 2-3　焓熵图示意

知识重点

焓是一个状态参数，数值上等于系统所含的热力学能加上压力与体积的乘积，它与压力和温度都有关系。比焓是指单位质量物质的总能量，单位是 kJ/kg。

熵也是一个状态参数，熵的变化表征了可逆过程中热交换的方向和大小。当系统的熵增大时，系统从外界吸热；当系统的熵减小时，系统对外界放热。比熵是指单位质量工质的熵，单位是 kJ/(kg · K)。

2.2 蒸汽如何产生

蒸汽是由液体汽化而产生的。液体汽化有蒸发和沸腾两种形式。蒸发可以在任何温度下进行，但蒸发的快慢与温度有关。沸腾则是在特定的温度下发生、在液体内部和表面同时进行并且伴随着大量气泡产生的剧烈的汽化现象。液体沸腾时，虽然其继续吸热，但液体的温度保持不变。

工程上应用的水蒸气，通常是在锅炉内对水定压加热产生的。下面用图 2-4 说明水蒸气的产生过程：假设一筒状容器中盛有 1kg、温度为 T 的水，在水面上有一个可以移动的活塞，施加一定的压力 p，并在容器底部对水进行加热。水蒸气的产生过程一般可以分为以下 3 个阶段：

（1）水定压预热阶段。水从未饱和水被加热到该压力下的饱和水（a-b 阶段）。

（2）饱和水定压汽化阶段。饱和水被加热到完全变为干饱和蒸汽（b-c-d 阶段）。

（3）干蒸汽定压过热阶段。干饱和蒸汽被加热到任意温度的过热蒸汽（d-e 阶段）。

动画：定压下水蒸气产生过程

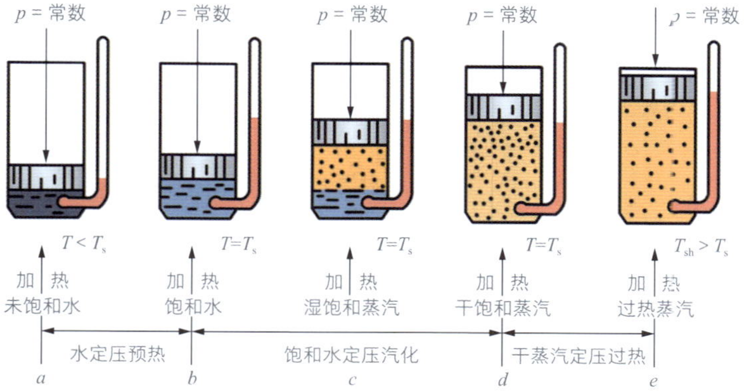

图 2-4 定压下水蒸气的产生过程

T_s—饱和温度；T_{sh}—过热温度

相应的状态点表示在图 2-4 上，图 2-5 给出的是水变成蒸汽的过程中水的压力与比体积的关系（也称 p-v 图）。图中 a_0 点（未饱和水）为压力 p_0、温度 0℃ 时的水，其比体积为 v_0，水吸热后温度升高到饱和温度 T_s，仍保持液态，体积膨胀幅度不大，如 p-v 图中的 b_0 点（饱和水）所示，比体积为 v'。继续吸热，水温保持 T_s 不变（饱和温度），但体积却较快地膨胀，水开始汽化（沸腾），不断地变成蒸汽。这时容器内汽、液两相共存，称为湿饱和蒸汽。因水分子开始汽化，随着不断吸热，蒸汽量渐增，水量渐减，由 b_0 点经 c_0 点（湿饱和蒸汽）一直至 d_0 点（干饱和蒸汽），水全部变为蒸汽，比体积增加到 v''，饱和水定压汽化阶段结束。若继续加热，干饱和蒸汽温度由 T_s 又开始上升，变成温度为 T_{sh} 的过热蒸汽，如 e_0 点所示，此时 $T_{sh} > T_s$，$v > v''$。

图 2-5 是在水的初始压力为 p_0 的条件下得到的 p-v 图，若在其他压力 p_1、p_2 下对水加热，也会发生类似上述的汽化过程，它们的状态点如图 2-6 所示。

图 2-6 中，a_1、a_2 点为 0℃ 的未饱和水，b_1、b_2 点为饱和水，d_1、d_2 点为干饱和蒸汽，c_1、c_2 点为湿饱和蒸汽，e_1、e_2 点均为过热蒸汽。各条 a-b-c-d-e 线为不同的定压线。p-v 图中 a_1-a_0-a_2 线表示 0℃ 时水的 p、v 关系，它近乎垂

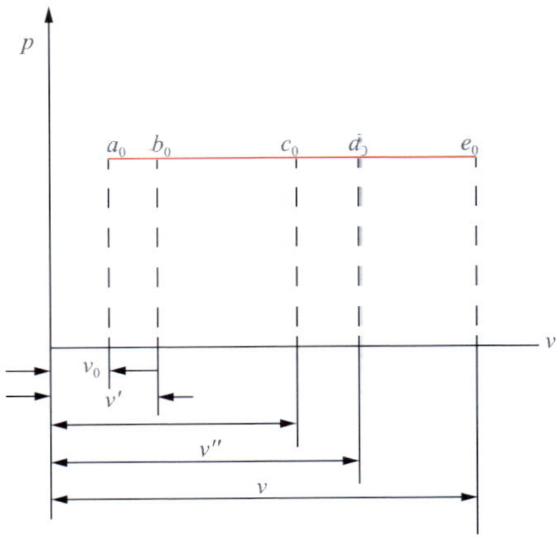

图 2-5 水变成蒸汽的过程

注：汽化过程线 b-c-d 是垂直于纵轴的直线，表示水的汽化从开始到结束的全过程中，其压力和温度都保持不变。

图中，v' 和 v'' 分别称为饱和水的比体积和饱和蒸汽的比体积。

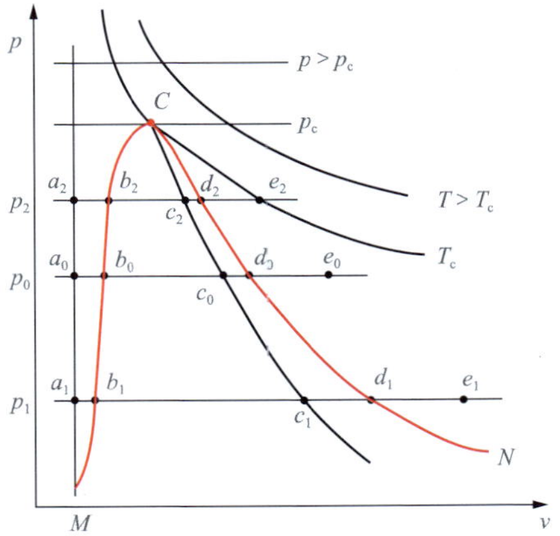

图 2-6 不同压力下水的汽化过程

注：水的临界参数 p_c=22.129MPa，T_c=374.15℃，v_c=0.00326m^3/kg。T_c 是最高的饱和温度，水在 p_c 下被定压加热到 T_c 时就立即全部汽化，没有 b-d 直线段的汽化过程。

线，因为低温时的水几乎不可压缩，压力升高，v_0亦基本不变。连接不同压力下的饱和水点b_1、b_0、b_2成曲线MC，称为饱和水线。连接不同压力下的干饱和蒸汽点d_1、d_0、d_2成曲线NC，称为干饱和蒸汽线。由图2-6可以清楚地看到，随着压力的增加，饱和水与干饱和蒸汽两点间的距离缩短。当压力增加到某一临界值（p_c）时，饱和水和干饱和蒸汽不仅具有相同的压力和比体积，而且还具有相同的温度，这时的饱和水与干饱和蒸汽之间的差异已完全消失，在图中由交点C表示，称为临界点。曲线MC和NC之间是液、汽两相共存的湿饱和蒸汽区。曲线MC之左是液相区，曲线NC之右是过热蒸汽区。

知识重点

综上所述，水的相变过程在p-v图上所表示的规律，可归纳为一点（临界点）、两线（饱和水线、干饱和蒸汽线）、三区（液相区、湿饱和蒸汽区、过热蒸汽区）、五态（未饱和水、饱和水、湿饱和蒸汽、干饱和蒸汽、过热蒸汽）。

2.3 蒸汽在汽轮机中的流动

本节以最简单的汽轮机为例，介绍它的基本组成部分，图 2-7 是单级冲动式汽轮机工作原理示意。由锅炉产生的具有一定压力和温度的蒸汽流经汽轮机内固定不动的喷嘴，并在其中膨胀，蒸汽的压力、温度不断降低，速度、比体积不断增加，蒸汽的热能转化为动能。喷嘴出口的高速汽流以一定的方向进入装在叶轮上的动叶通道中，由于汽流速度大小和流动方向的改变，汽流给动叶施加作用力，推动叶轮旋转做功，将蒸汽动能转化为叶轮旋转的机械功。由于蒸汽不间断地进入汽轮机，在一定工况下，汽轮机内的蒸汽压力、温度、受力情况及转速是比较均匀的，并且还具有转速高、功率大和工作平稳等特点。

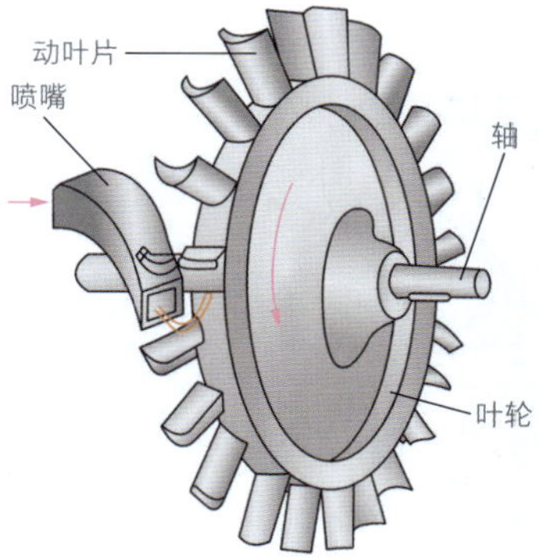

图 2-7　单级冲动式汽轮机工作原理图

图 2-8 是上述汽轮机级的剖面结构简图。它只包含固定在汽缸上的一列喷嘴和固定在叶轮上的一圈动叶，这一列喷嘴和一圈动叶就构成了汽轮机的一个基本单元，这个基本单元称为汽轮机的“级”。图 2-8 下方的曲线表示蒸汽参数的变化。在喷嘴中，蒸汽压力由 p_0 降低到 p_1，速度由 c_0 增加到 c_1。如前所述，喷嘴的作用是使蒸汽通过膨胀获得较高速度，即蒸汽的热能转化为动

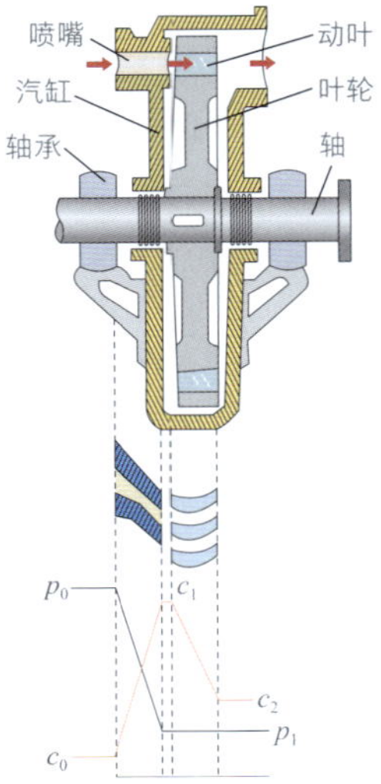

图 2-8 汽轮机级的剖面结构简图

能；从喷嘴流出来的蒸汽以速度 c_1 冲击动叶，使叶轮和机轴旋转对外输出轴功。蒸汽速度由 c_1 降到 c_2；蒸汽在动叶之间流动时压力保持不变，仍等于 p_1，蒸汽的热能并没有进一步转化为动能。这种只有一个“级”并且是利用蒸汽的冲动力做功的汽轮机，也称为单级冲动式汽轮机。

冲动式汽轮机有两种基本类型，即压力级汽轮机（见图 2-9）和速度级汽轮机（见图 2-10）。压力级汽轮机由若干个冲动级组成，而速度级汽轮机是将动能分几次在各排动叶中转化为机械功，两圈动叶被安装在汽缸上的静叶隔开，蒸汽在静叶中流动时仅改变汽流方向。它们的工作原理与单级冲动式汽轮机类似，这里不做赘述。

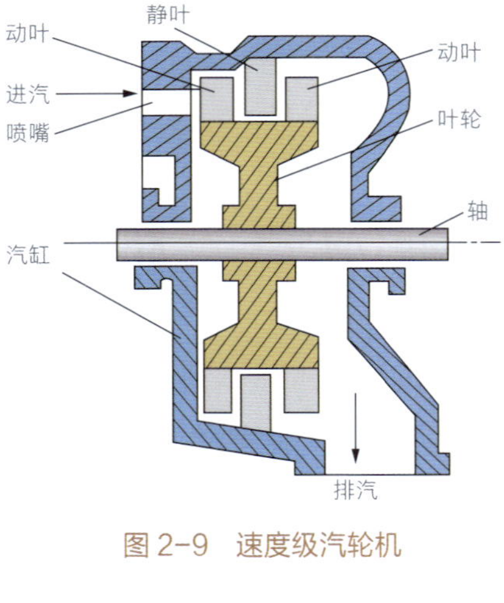

图 2-9 速度级汽轮机

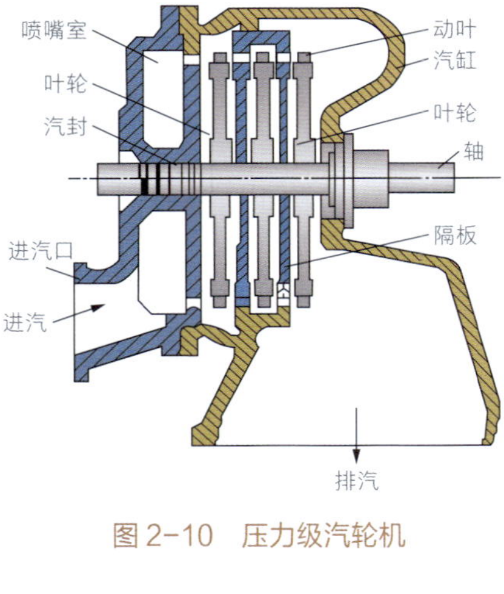

图 2-10 压力级汽轮机

同学们能画出压力级和速度级汽轮机中蒸汽参数的变化吗?

汽轮机从工作原理上可分为冲动式和反动式两大类。反动式汽轮机在实现蒸汽能量转化的具体方式上与冲动式汽轮机有所不同，不仅在静叶中有蒸汽热能到动能的转化过程，而且在动叶中同时有蒸汽热能到动能和动能到机械功的能量转化过程，所谓反动式汽轮机实际上是同时应用冲动原理和反动原理工作的。

图 2-11 是反动式汽轮机的结构简图。静叶固定在汽缸上，动叶固定在转子上，转子呈鼓筒状，也称为鼓筒式转子。此外，汽轮机进汽端设置有平衡活塞，其直径大于鼓筒，用以平衡作用在转子上的轴向推力。活塞前端和排汽端用一根连通管相连，以进一步减小轴向推力。

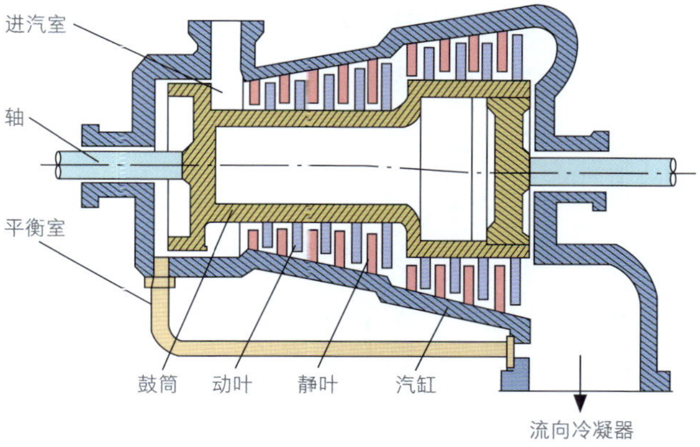

图 2-11 反动式汽轮机

反动级由固定在汽缸上的一圈静叶和固定在转子上的一圈动叶组成。

知识重点

类型	喷嘴	静叶	动叶
冲动式	热能→动能	只起导向作用	动能→机械功
反动式	无喷嘴	热能→动能	热能→动能 动能→机械功

2.4 蒸汽在汽轮机内的能量转化

从蒸汽在汽轮机内的流动过程可以看出，冲动式和反动式汽轮机的共同特点是有两重能量的转化，即先将蒸汽的热能转化为动能，然后再将动能转化为机械功，直接产生回转运动。对于冲动式汽轮机，实现第一重能量转化的结构是喷嘴，实现第二重能量转化的是动叶；对于反动式汽轮机，实现第一重能量转化的结构则是静叶和动叶，实现第二重能量转化的也是动叶。

蒸汽在喷嘴和静叶中的能量转化过程是类似的，现以喷嘴为例，说明第一重能量的转化过程：喷嘴的作用就是将蒸汽的热能转化为动能，即提高蒸汽的喷射速度。喷嘴安装在汽缸上，是固定不动的，因此它不对外做功。喷嘴本身的几何尺寸不大，而蒸汽流过喷嘴时的速度又很高，因此可以认为蒸汽在喷嘴中的热力过程为绝热过程，与外界没有热量交换。

图 2-12 给出的是蒸汽在喷嘴中的热力过程。喷嘴前的新蒸汽参数为：p_0 是喷嘴前的新蒸汽压力；T_0 是喷嘴前的新蒸汽温度；H_0 是喷嘴前新蒸汽的焓；O 表示喷嘴前的蒸汽状态点；p_1 是喷嘴后的蒸汽压力；L_t 是蒸汽从 O 点等熵膨胀的终点（即等熵膨胀线与 p_1 的交点）；OL_t 线就是蒸汽在喷嘴中没有任何损失发生的热力过程线；H_{1t} 是蒸汽在喷嘴出口处具有的焓；L 表示实际的等熵膨胀终点；ΔH_1 是蒸汽在喷嘴中膨胀的实际焓降；ΔH_t 是蒸汽在喷嘴中没有损失时的理想焓降。

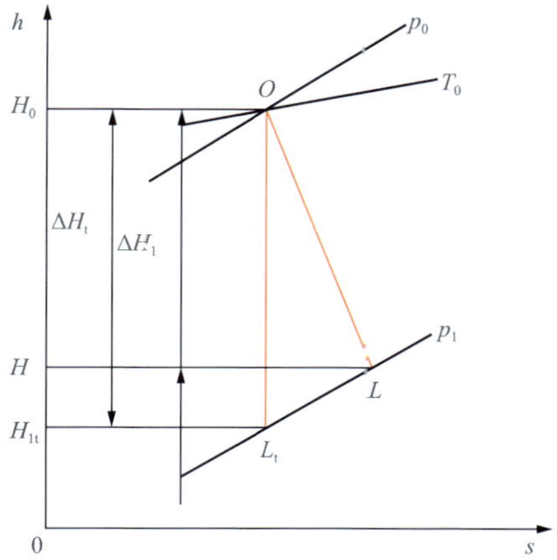

图 2-12 蒸汽在喷嘴中的热力过程

喷嘴出口的理想蒸汽速度可以写成

$$c_{1t}=\sqrt{2\Delta H_t}=1.414\sqrt{\Delta H_t}$$

该式表明蒸汽在喷嘴中发生的焓降转化为蒸汽动能的增加。

蒸汽在喷嘴中膨胀，压力下降，并伴随有温度的降低、比体积的增大以及汽流速度的增大。

蒸汽在喷嘴中的流动满足连续流动方程：

$$q_m \cdot v = A \cdot c$$

式中 q_m——蒸汽的流量，kg/s；

v ——蒸汽的比体积，m^3/kg；

A ——喷嘴的截面积，m^2；

c ——蒸汽的流速，m/s。

进入喷嘴中的蒸汽量，不论在喷嘴任何截面上都是相等的，q_m 是一个定值。因此，会出现以下四种情况。

（1）如果 v 和 c 增加的速率相等，则 v/c 是定值，A 也是定值，也就是说喷嘴的截面积保持不变，这是一个等截面的喷嘴，如图 2-13 所示。

（2）如果 v 增加的速率小于 c 增加的速率，这时 v/c 的数值是不断变小的，则喷嘴的截面积就不断变小，这是一个渐缩喷嘴，如图 2-14 所示。

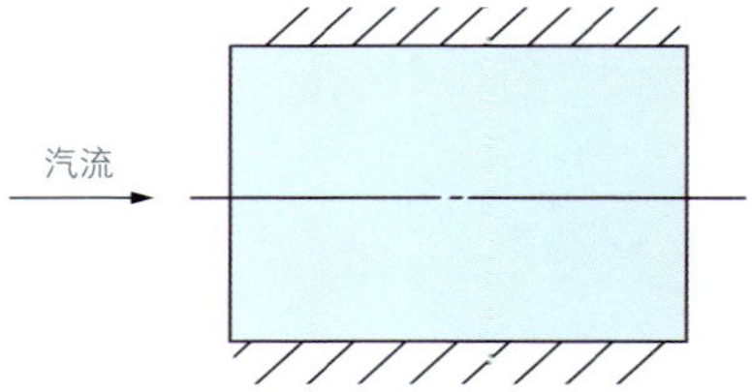

图 2-13 等截面喷嘴

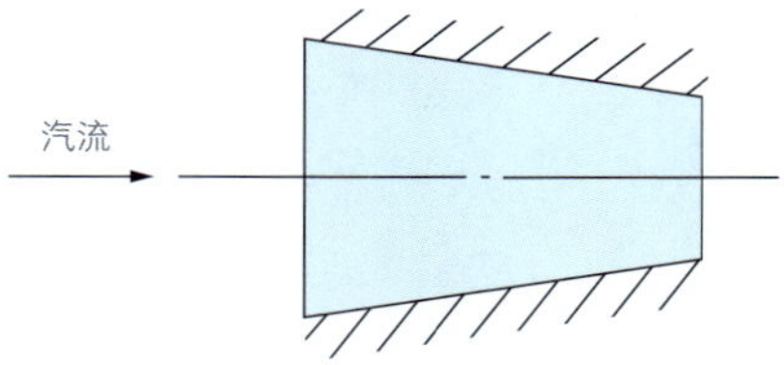

图 2-14 渐缩喷嘴

（3）如果 v 增加的速率大于 c 增加的速率，则 v/c 的数值是逐渐变大的，则喷嘴的截面积就不断变大，此时是一个渐扩喷嘴，如图 2-15 所示。

（4）如果在喷嘴中 v 增加的速率小于 c 增加的速率，当流到某一截面后，比如到 I－I 截面，又变成 v 增加的速率大于 c 增加的速率，这时喷嘴是缩放喷嘴，如图 2-16 所示。从图中可以看出，I－I 截面以前是渐缩喷嘴，I－I 截面以后是渐扩喷嘴，缩放喷嘴则是这两种喷嘴的组合。

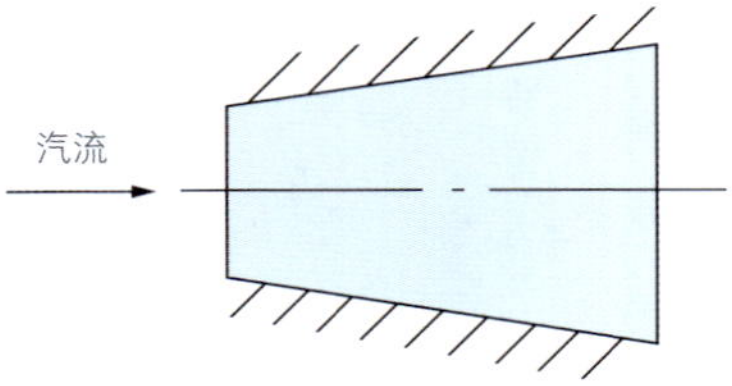

图 2-15 渐扩喷嘴

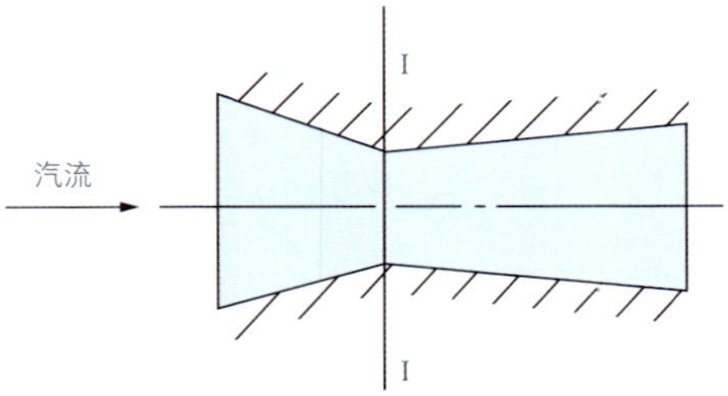

图 2-16 缩放喷嘴

蒸汽在喷嘴和静叶中完成了第一重能量转化，蒸汽的部分热能转化为动能。从喷嘴射出的汽流，相对于静止的喷嘴，它具有绝对速度 c_1，而相对于高速旋转的动叶片，具有相对速度 w_1；高速旋转的动叶片本身，对于喷嘴而言，又在做牵连运动，具有牵连速度 u_1。同样，汽流以相对速度 w_2 离开动叶片，又以绝对速度 c_2 进入下一级喷嘴（见图 2-17）。由于汽流速度大小和方向的改变，动叶受到了蒸汽施加的作用力，带动叶轮和鼓筒旋转，将蒸汽的动能转化为机械功，实现了蒸汽能量的第二重转化。

图 2-18 进一步给出了动叶片上的受力分析，假设动叶片受合力 F 的作用，它可以分解为沿圆周方向的分力 F_u 和沿轴向的分力 F_z，但只有分力 F_u 与叶轮旋转方向一致，可以推动叶轮做功。F_z 称为轴向推力，并不做功。为了抵消汽轮机的轴向推力，在汽轮机中必须设置推力轴承，避免转子轴向窜动。

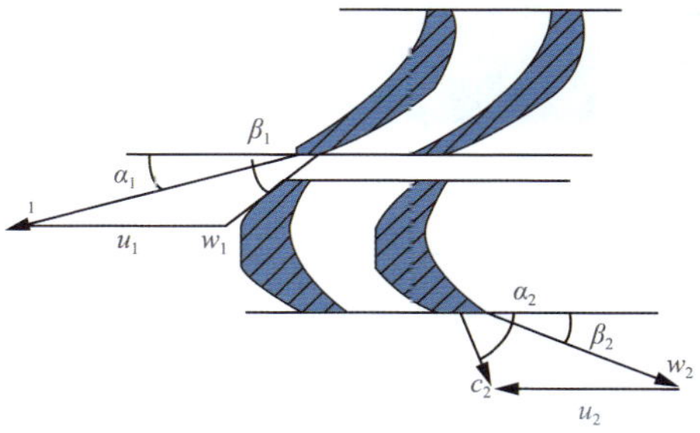

图 2-17　动叶片进出口速度三角形

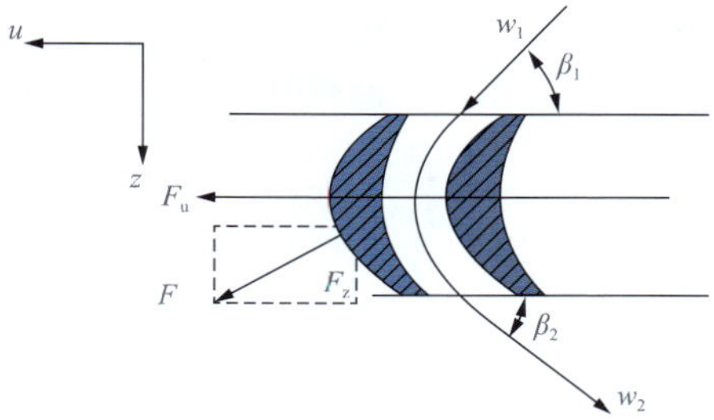

图 2-18　动叶片受力分析

中华小讲堂

缩放喷嘴又称为拉瓦尔喷嘴，其作为一种能量转化工具，在现实生活中应用相当广泛，小到消防水管，大到火箭推力室，都有拉瓦尔喷嘴的身影。

图 2-19　国产隐身战斗机歼 -20

国产隐身战斗机歼 -20（见图 2-19）也采用了拉瓦尔喷嘴设计，高温燃气经加力燃烧室喷出后，根据拉瓦尔喷嘴的原理，高温燃气会被进一步加速，从而为战斗机提供更大的加速度。

2.5 蒸汽动力装置工作原理

现代船舶蒸汽动力装置由主锅炉、主汽轮齿轮减速机组、轴系及其他辅机组成，图 2-20 为船舶蒸汽动力装置工作流程框图。由锅炉装置产生的过热新蒸汽，在高压汽轮机中做功后再到低压汽轮机中做功，实现蒸汽能量的梯级利用。高、低压汽轮机（简称主汽轮机或主机）经齿轮减速器把扭矩传到轴系，通过螺旋桨推动船舶前进或后退。做功后的废蒸汽排入冷凝器，在其中被冷凝成水，凝水由凝水泵抽出后通往抽气器作为冷却水，然后送往除氧器中除氧，再由增压泵将除氧后的凝水抽出，送往给水泵，由给水泵送回锅炉装置，再加热蒸发变成蒸汽，送往主机做功，形成连续的蒸汽动力装置汽水循环。

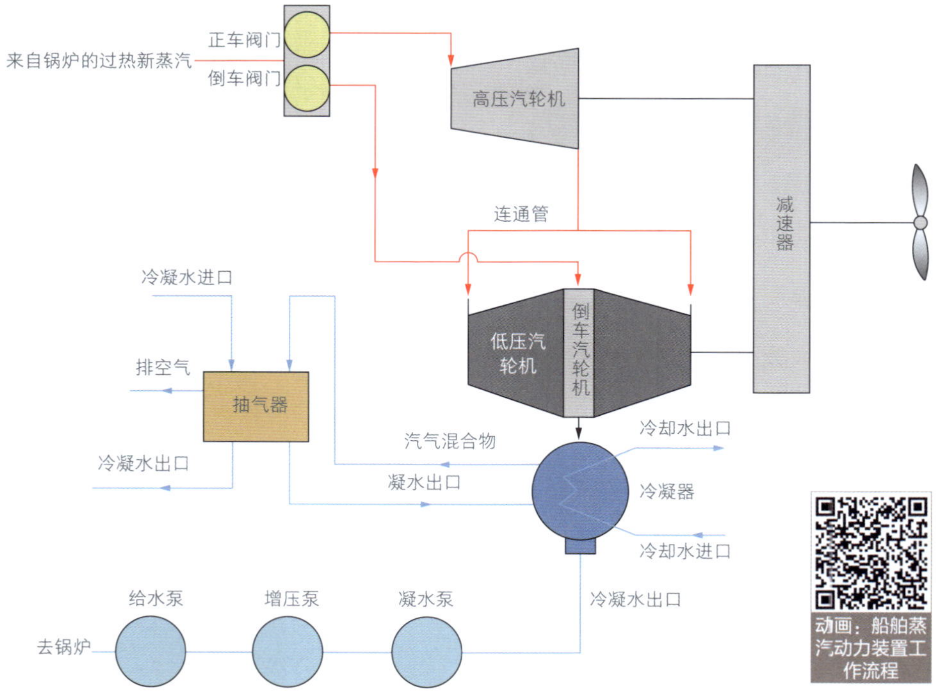

动画：船舶蒸汽动力装置工作流程

图 2-20　船舶蒸汽动力装置工作流程框图

图 2-21 为某型船舶主动力汽轮机组的布置示意。汽轮机组为双层布置，高压汽轮机安装在横跨冷凝器的金属机架上，前方设置有控制锅炉新蒸汽的正车阀门及倒车阀门。低压汽轮机与高压汽轮机平行布置，低压汽轮机的中部还设置有倒车汽轮机。高压和低压汽轮机的前端下支架都支撑在横梁支座上，后端则支撑在机架上，同时机架支撑在减速器下部壳体的前端支架上。冷凝器横向布置在高、低压汽轮机的下方。

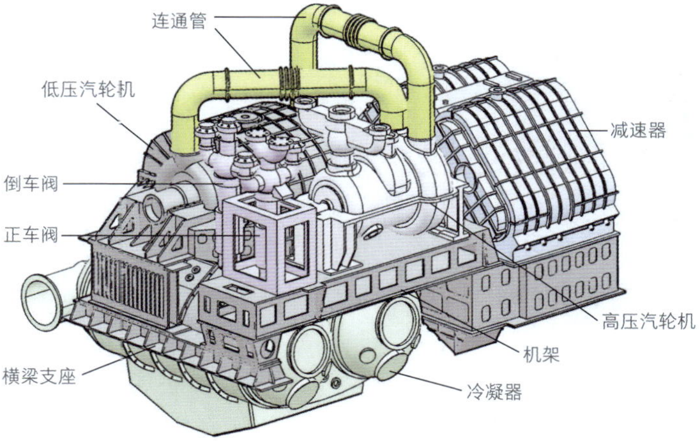

图 2-21　某型船舶主动力汽轮机组的布置示意

图片来源：https://www.mfcad.com/

蒸汽动力装置的主要组成包括：

（1）锅炉：吸收燃料燃烧时所放出的热量，使水变成高压力和高温度的蒸汽，供汽轮机使用。

（2）汽轮机：利用蒸汽的热能转化为机械功，是船舶前进或后退的主要机械。

（3）冷凝器：把汽轮机工作后排出的废蒸汽重新凝结成水，再供给锅炉循环使用。

（4）减速器：将汽轮机的高转速降低到推进器所要求的低转速，并将汽轮机发出的功率通过轴系传给推进器，作为前进或后退的动力。

（5）循环水泵：利用它不断地将舷外海水送入冷凝器内部的水管中，使管外的蒸汽凝结成水。

（6）给水机组：包括凝水泵、增压泵和给水泵。凝水泵从冷凝器抽取冷凝水并送到除氧器去。增压泵是从除氧器中抽水，提高一定压力后送到给水泵入口。给水泵提高给水压力，把给水送入锅炉上锅筒。

（7）抽气器：用来抽除冷凝器中漏进的空气以保持冷凝器中的高度真空。

（8）除氧器：用来为锅炉给水加热除氧，减少锅炉腐蚀，另外还起到储存给水的作用。

知识重点

如图 2-20 所示，低压汽轮机和倒车汽轮机安装在同一根轴上，它们是如何实现正车和倒车的呢？

为了保证船舶能够倒航，船舶主动力推进系统中需要设置倒车汽轮机。正车低压汽轮机和倒车汽轮机虽然配置在一个汽缸和一根轴上，但是倒车汽轮机的叶片安装方向与正车低压汽轮机正好相反。正车低压汽轮机旋转时，并没有蒸汽通往倒车汽轮机，倒车汽轮机只是随轴空转。当船舶要倒航时，关闭正车进汽阀门而打开倒车阀门，蒸汽被引入倒车汽轮机，汽轮机反转从而带动螺旋桨转动，船舶倒退。

2.6 蒸汽动力装置循环

朗肯循环是在实际蒸汽动力装置循环的基础上经简化处理得到的最简单、最基本的理想蒸汽动力循环，是船舶蒸汽动力循环的基础。

朗肯循环是由给水泵、锅炉、汽轮机和冷凝器四种主要设备组成的。其工作过程如下：水由给水泵加压送入锅炉，在锅炉中加热汽化形成高温高压的过热蒸汽，过热蒸汽在汽轮机中膨胀做功，做功后的低压蒸汽（乏汽）在冷凝器中被冷凝成水后送往给水泵，完成一个工作循环，如图 2-22 所示。如果忽略给水泵、汽轮机中的摩擦和散热以及工质在锅炉、冷凝器中的压力变化，上述蒸汽的循环过程就可以简化为以下 4 个理想化过程组成的朗肯循环：

（1）水在给水泵中的绝热压缩过程 1－2，给水泵消耗机械功 $w_p=h_2-h_1$；

（2）水与水蒸气在锅炉中的定压加热过程 2－3（未饱和水→饱和水→湿饱和蒸汽→干饱和蒸汽→过热蒸汽），此过程水的总吸热量 $q_1=h_3-h_2$；

（3）水蒸气在汽轮机中的绝热膨胀过程 3－4，对外输出机械功 $w_r=h_3-h_4$；

（4）乏汽在冷凝器中的定压放热过程 4－1，冷凝所放出的热量为 $q_2=h_4-h_1$。

朗肯循环在 T-s 图中的表示如图 2-23 所示。

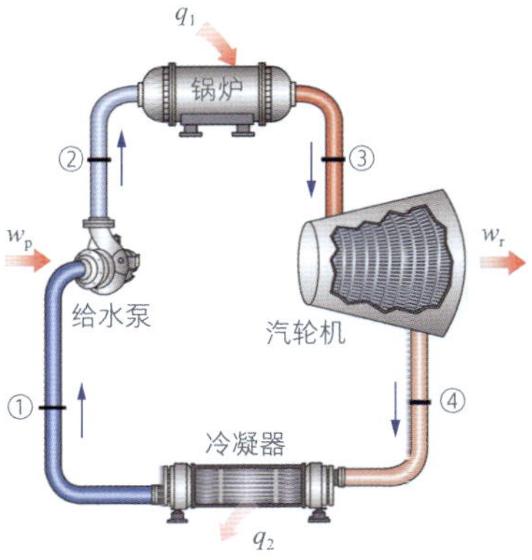

图 2-22　朗肯循环工作流程

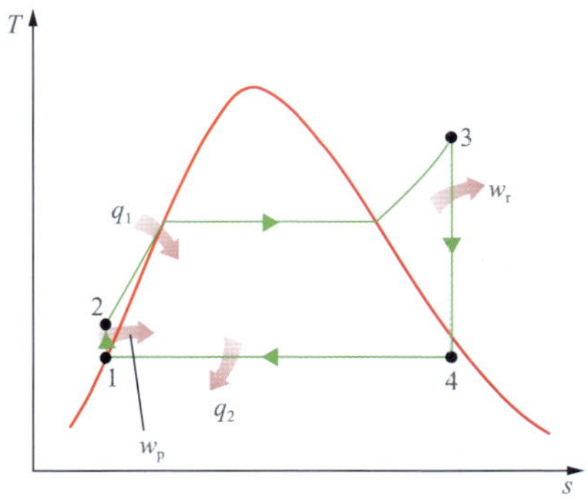

图 2-23　朗肯循环 T-s 图

动画：朗肯循环 T-S 图

朗肯循环的热效率定义为

$$\eta_t = 1 - \frac{q_2}{q_1} = \frac{w_r - w_p}{q_1} = 1 - \frac{h_4 - h_1}{h_3 - h_2}$$

特别地，由于水的压缩性很小，水的比体积又比水蒸气的比体积小得多，因此给水泵消耗的功与汽轮机做出的功相比甚小，一般情况下可忽略不计，即 $h_1 \approx h_2$。于是朗肯循环的热效率可以简写成：

$$\eta_t = 1 - \frac{h_4}{h_3}$$

因此，朗肯循环的热效率取决于汽轮机进口蒸汽的焓 h_3 和乏汽的焓 h_4。h_3 取决于汽轮机入口新蒸汽的压力与温度，h_4 取决于汽轮机出口湿蒸汽的压力。由此可见，朗肯循环的热效率与新蒸汽的压力（初压）、温度（初温）以及乏汽的压力（终压）有关。

提高朗肯循环的热效率从改变工质参数的角度上来讲，有以下两种方法：

（1）提高新蒸汽（即过热蒸汽）的初压、初温以提高平均吸热温度；

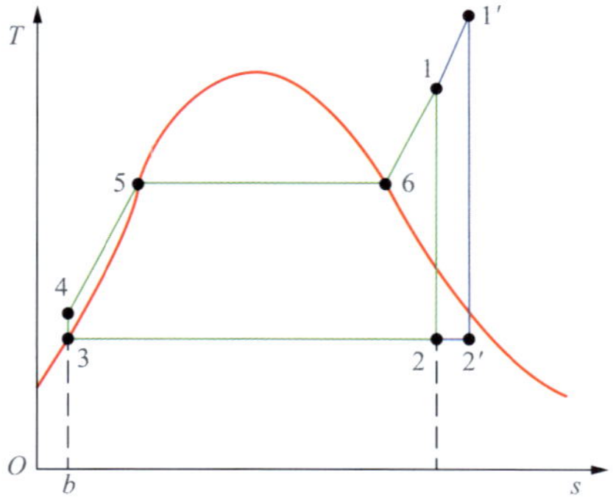

图 2-24 新蒸汽初温的影响

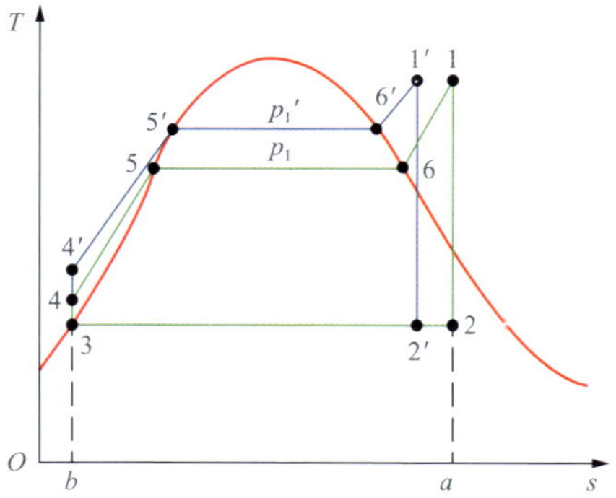

图 2-25 新蒸汽初压的影响

图 2-24 中提高蒸汽初温，则朗肯循环的吸热平均温度提高，在放热平均温度不变的情况下，循环的热效率将有所提高。

图 2-25 中提高蒸汽初压，将会提高循环吸热平均温度，而放热平均温度保持不变，因此提高初压可以提高循环的热效率。

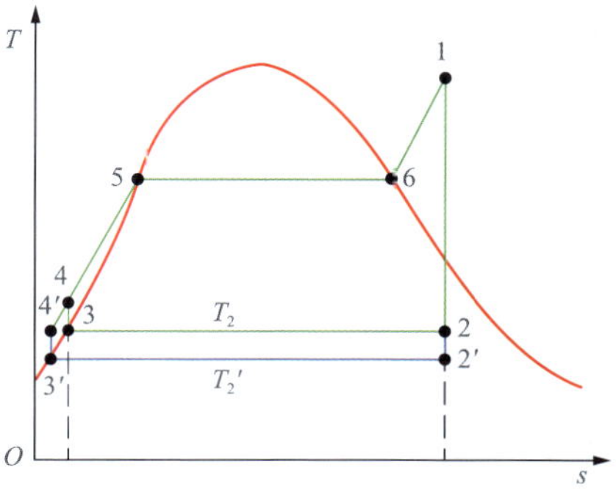

图 2-26　乏汽压力的影响

> 图 2-26 中降低乏汽压力，则与之对应的饱和温度（即放热温度）降低，而吸热平均温度变化很小，因此循环热效率将有所提高。

（2）降低乏汽压力以降低平均放热温度，但分别受到材料耐压耐热性能、汽轮机安全运行对乏汽干度的要求以及环境冷却水温度等各方面因素的影响。

知识速递

对于蒸汽动力装置来说，提高热效率、节省燃料是十分重要的。例如，一个 1200 兆瓦的火力发电厂每天大约消耗 9000 吨标准煤，如果将其热效率提高百分之一，每天就可节省近 100 吨煤。尽管提高蒸汽的初参数或降低乏汽的压力可提高朗肯循环的热效率，但前者受现有的耐高温、高强度合金材料的限制，后者则受环境温度的限制。因此，为了进一步提高热效率，还可以在朗肯循环的基础上加以改进，采用热电联产或者燃气－蒸汽联合循环形成新的蒸汽动力循环。

第 2 章　思维导图

汽轮机的工作原理
蒸汽的性质
比体积大
性质稳定
无毒无污染
容易获取
蒸汽的产生
水加热
汽化
饱和蒸汽
加热
过热蒸汽
蒸汽的流动
经喷嘴通道：蒸汽热能
蒸汽动能
进动叶通道：蒸汽动能
叶轮机械能
汽轮机的组成
静子
汽缸
喷嘴
隔板
转子
叶片
叶轮
轴
蒸汽动力装置
汽轮机
减速器
冷凝器

第3章
汽轮机的结构

船舶汽轮机组包括高压汽轮机和低压汽轮机，汽轮机本体是汽轮机设备的主要组成部分，它由转动部分（转子）和固定部分（静子）组成。转动部分包括动叶、叶轮（或鼓筒）、轴、围带及联轴器等旋转部件；固定部分包括汽缸、喷嘴、隔板、隔板套、汽封、轴承等。汽轮机内蒸汽流动的通道称为通流部分，它是汽轮机结构的核心，担负着蒸汽能量转化和扭矩传递的重任。

3.1 喷嘴——能量之流的“源头”

喷嘴的作用是使蒸汽膨胀加速，并引导蒸汽按一定方向进入动叶通道之中。如前所述，喷嘴出口处的蒸汽流速与蒸汽的焓降有关，焓降越大，则流速越快。喷嘴能将蒸汽热能转化为动能的特性，决定了喷嘴是汽轮机能量之流的“源头”。

喷嘴在高温、高压和高速汽流中工作，且喷嘴的几何尺寸不大。为了减小喷嘴的蒸汽流动损失，对于喷嘴通道的尺寸精度和表面粗糙度，喷嘴通道的气密性、耐热性以及抗冲蚀性能等方面，都有较高的要求。船舶汽轮机的喷嘴通常采用 1Cr13 或 2Cr13 不锈钢制造，其工艺性能和耐腐蚀性能较好，可承受 450℃ 的高温。

喷嘴总称为喷嘴机构，或者布满整个圆周，或者仅为它的一部分。根据喷嘴在圆周上的分布不同，可以分为全部进汽和局部进汽两种。全部进汽的喷嘴称为喷嘴环，局部进汽的喷嘴称为喷嘴弧。根据喷嘴固定在汽缸上的方法不同，还可以分为第一级喷嘴和中间级喷嘴（又称为隔板喷嘴）两种。第一级喷嘴直接安装在汽缸上，中间级喷嘴安装在隔板上，隔板再固定在汽缸上，两者的结构有明显的差别。

第一级喷嘴的结构类型以全锻喷嘴和全铣喷嘴为主。全锻喷嘴的结构如图 3-1 所示。它是用不锈钢的锻压毛坯，按轮廓尺寸加工成型后，在弧块上用钻的方法加工出喷嘴通道，再用锥形铰刀铰出通道的扩大段。这种结构加工简单，喷嘴通道无接缝也就不会漏汽。但喷嘴的出口截面是椭圆形，这样喷嘴出口的汽流就不能充满整个动叶通道，因而产生附加的流通损失。因此它常用于对效率要求不高，但蒸汽参数较高的倒车汽轮机和辅助汽轮机之中（见图 3-2）。

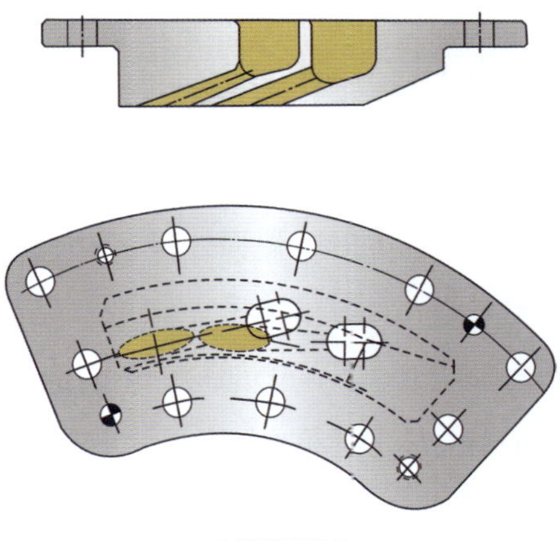

图 3-1 全锻喷嘴

图 3-2 某型汽轮滑油泵的全锻喷嘴

全铣喷嘴是将车削的圆环料切割为毛坯后，用铣削方法加工而成的，如图 3-3 所示。每个喷嘴由喷嘴叶片、带凸边的顶端和底部三部分构成。每两个相邻的喷嘴构成一个喷嘴通道。

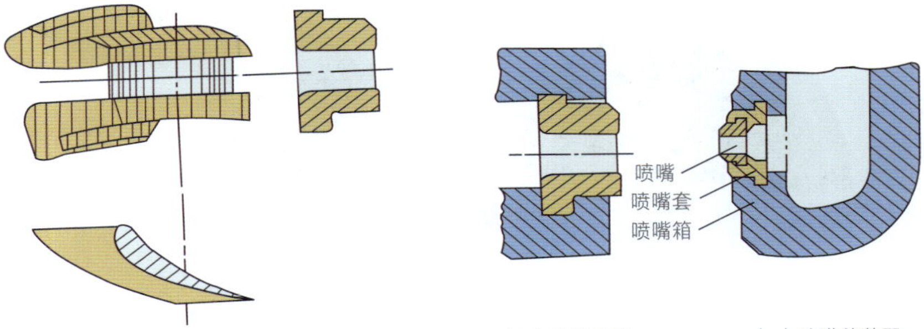

（a）全铣喷嘴　（b）直接装配　（c）改进的装配

图 3-3 全铣喷嘴及装配

这种喷嘴尺寸准确、表面光洁，但是其铣削加工量和材料消耗量较大，并且直接装配在汽缸上，各接缝处会漏一部分蒸汽而产生附加损失。改进的结构是将单个喷嘴装在喷嘴套中，对喷嘴与喷嘴套的接缝加焊，然后将整个喷嘴套装入喷嘴箱的凹槽中，喷嘴套与喷嘴箱的各个接缝也加焊。这样，仅在相邻两喷嘴的接合面上可能略有少量蒸汽泄漏。现代船舶主汽轮机和功率较大的辅助汽轮机，普遍采用这种结构。

中间级喷嘴安装在隔板上，通常在第一级喷嘴之后，为全部进汽，喷嘴环布满整个圆周。隔板只应用于多级冲动式汽轮机内，它的作用是将汽缸内的封闭空间分隔成一系列工作压力不同的腔室，采用多级实现蒸汽两次能量的转化。

如图 3-4 所示，隔板是一个圆盘形零件，在结构上分成隔板外缘、中间级喷嘴和隔板体三个组成部分。在隔板中央车出中心孔，以便转子轴穿过。为了便于安装和拆卸，隔板在汽缸的水平中分面处分成上、下两个部分。它们用专门的方法安装并固定在汽缸盖和下汽缸壁上车出的环形凹槽中。

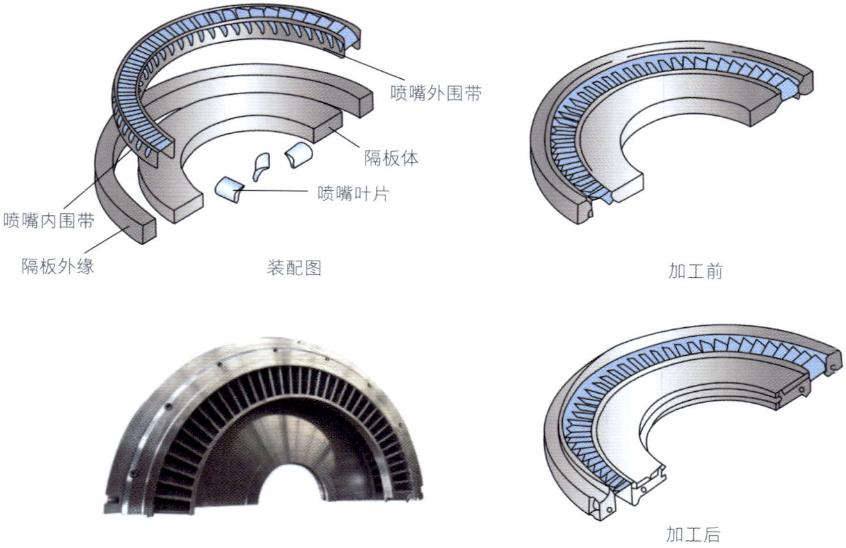

图 3-4　装有中间级喷嘴的隔板

知识速递

1Cr13 表示碳含量≤ 0.15%、铬含量在 11.5%～13.5% 之间的马氏体不锈钢。1Cr13 经淬火和回火后有较高的强度和韧性，在湿大气和淡水条件下有较强的耐锈蚀能力，在 700℃以下有较好的热稳定性，主要用于韧性要求高且耐锈的受冲击载荷的部件，如刀具、叶片、紧固件等。

3.2 汽缸——坚实严密的“躯体”

汽缸是汽轮机的主要零件之一，是固定和支持静止零件（如喷嘴、隔板、静叶等）的基础，它的作用是形成一个使通流部分和大气隔绝的密闭空间，以保证蒸汽在通流部分能够实现能量转化，不致发生泄漏，可以说汽缸是汽轮机坚实严密的“躯体”。

汽缸的工作条件比较复杂。在汽轮机工况迅速变动时，汽缸在各方面都会有较大的温度差，致使汽缸产生较大的热应力和热变形。例如，在启动和增速时，汽缸受到蒸汽的加热，蒸汽的热量自汽缸内壁传导到外壁和连接法兰，再自法兰传给螺栓。因为内壁和法兰都有较大的热惯性，热量的传递需要一定的时间，所以汽缸内壁的温度高于外壁，法兰内侧的温度高于外侧，法兰的平均温度高于螺栓，启动过程越快则它们的温差越大。同时，进汽端的蒸汽压力和温度也比排汽端高。此外，汽缸还承受所支持的零件传来的力以及转子和船体的振动负荷等。所以，汽缸在结构上要有足够的强度和刚度，以保证它在受热时能沿轴向和径向自由地膨胀，防止产生严重的变形，保证动静部分不被碰磨。同样，当汽轮机停机时，汽缸内的温度分布也不均匀，需要保证汽缸能按给定的方向自由收缩。

首先，汽缸的支承方式一定要平稳。合理的汽缸支承主要是保证汽缸能够平稳并能自由地膨胀，且不改变汽缸的中心位置。汽缸都是支承在机架上，机架又用地脚螺钉固定在地面基础上。汽缸通过水平法兰所伸出的猫爪支承在前轴承座上，可以分为下缸猫爪支承（见图 3-5 和图 3-6）和上缸猫爪支承（见图 3-7）两种形式。

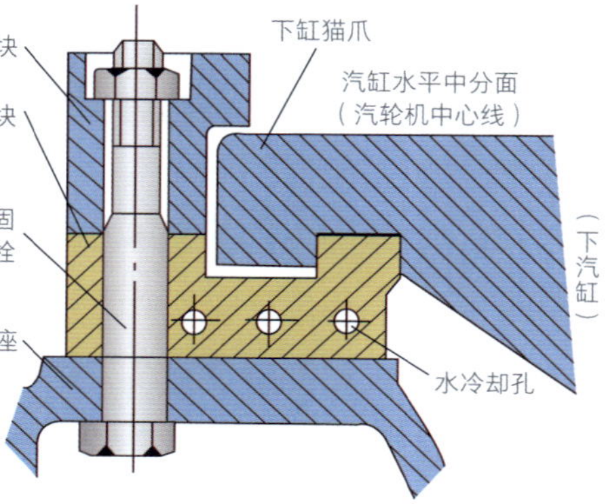

图 3-5　下缸非中分面猫爪支承

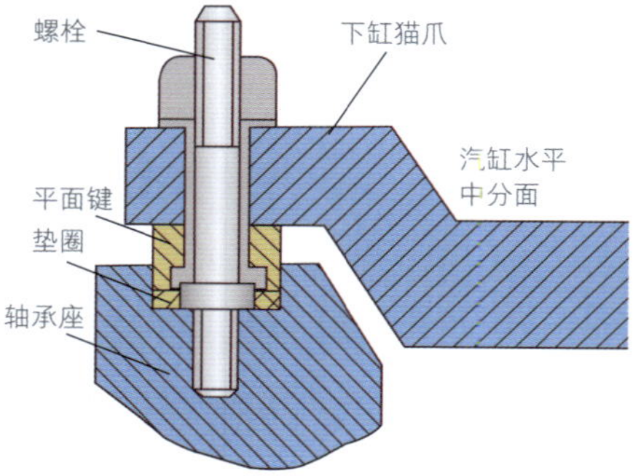

图 3-6　下缸中分面猫爪支承

在汽缸的下缸前后各有两只猫爪，分别支承在汽缸前后的轴承座上。下缸猫爪支承又可分为中分面支承和非中分面支承两种。

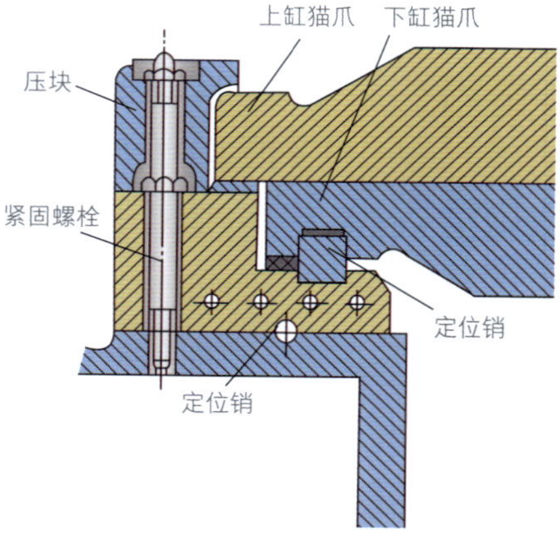

图 3-7　上缸中分面猫爪支承

其次，在内外汽缸之间、汽缸和轴承座、轴承座和机架之间设有一系列的导向滑销而构成汽轮机的滑销系统（见图 3-8）。滑销系统主要包括横销、立销、纵销和猫爪横销等。汽轮机汽缸三维图如图 3-9 所示。

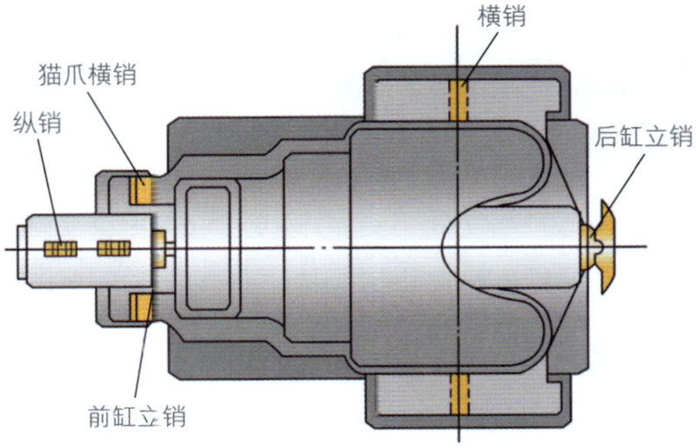

图 3-8 汽轮机的滑销系统

横销：用于引导汽缸、轴承箱水平横向位移；

立销：用于引导汽缸垂直方向位移；

纵销：用于引导汽缸、轴承箱水平轴向位移；

猫爪横销：保持汽缸与轴承箱之间的轴向位置不变，同时引导汽缸水平横向膨胀。

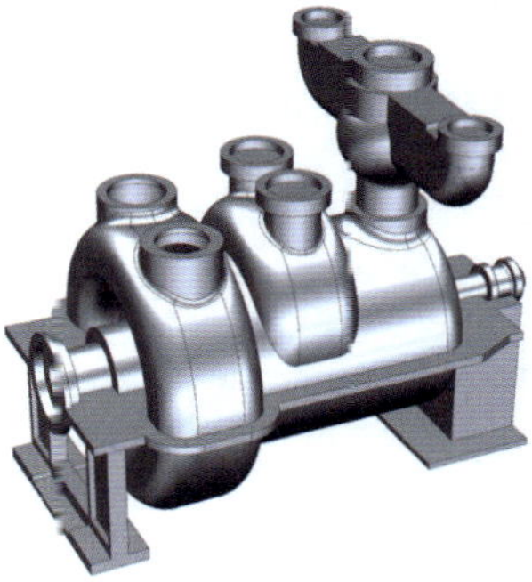

图 3-9 汽轮机汽缸三维图

汽缸结构需满足以下要求：

（1）有良好的热强度；

（2）有良好的刚度；

（3）有效地排除缸内积水；

（4）便于制造。

中华小讲堂

中国国产汽轮机组迈入百万千瓦级，汽缸作为汽轮机的“躯体”，是汽轮机中的最大零件。其中，汽轮机的进汽缸、排汽缸、轴承箱、隔板等都是铸造而成的。铸造作为传统制造方式，是装备制造业的基础，在汽轮机零部件制造中发挥着重要作用。

3.3 转子——高速稳定的“核心”

汽轮机所有回转零件的总和称为转子。汽轮机通流部分中蒸汽的动能转化为机械功，是通过转子的高速回转运动来实现的。转子是汽轮机最重要和最昂贵的部分，转子的转速可以达到每分钟上万转，它的损坏常常造成汽轮机整个的破坏，更会严重危及船舶的运行安全，可以说转子是汽轮机高速稳定的“核心”。

转子的工作条件十分恶劣，它承受着巨大的质量作用力、蒸汽作用力。它的温度场变化很大，在变工况和非稳定工况下会产生很大的热应力。同时，转子还受到推力轴承的作用力和反作用力，以及通过联轴器传递的力矩的作用。这些力将引起转子的弯曲。还有通过轴承传递过来的船体横向、轴向作用力也会使转子发生变形。另外，转子在高温蒸汽的包围下工作，最容易受到腐蚀，这就要求转子的材料耐腐蚀性好、弹性和塑性高。因此，对转子的结构、材料、制造和装配工艺有相当高的要求。

叶轮是由轮缘、轮盘和轮毂组成的组合件，是转子的主要部分。叶轮有多种结构形式，以适应不同工作条件的需要，如图 3-10 所示。

按照轮盘截面的形状，叶轮可以分成以下几种基本类型：

（1）等厚叶轮。轮盘厚度沿半径不变，由于其形状简单而便于加工，但由于轮盘本身离心力所引起的应力较大，仅用于外负荷不大和轮周速度不高于 120～200m/s 之处。

（2）锥形叶轮。轮盘厚度沿半径按线性规律变化，由于轮盘的质量较轻，叶轮中应力相应地较小；但加工稍复杂，可用于轮周速度高达 300m/s 之处。

（3）等厚锥形叶轮，是介于等厚叶轮和锥形叶轮之间的一种结构形式。

（4）双曲线叶轮。轮盘厚度沿半径按双曲线规律变化，在相同条件下，它比前述三种叶轮的应力都要小，可用于更高的轮周速度，但加工复杂。

（5）等强度叶轮。轮盘厚度沿半径按一定规律变化，以保证叶轮中各点的应力相同，所以它必然是实心的。这种叶轮有很高的承载能力，可用于轮周速度高达 400～450m/s 之处；但加工很复杂，且不便于和主轴连接。

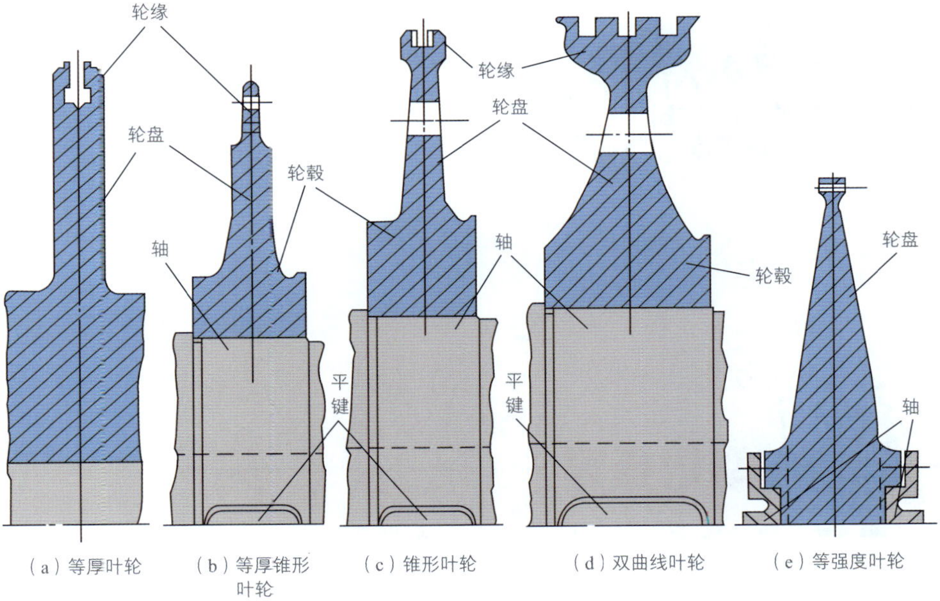

图 3-10　叶轮的类型

（1）轮缘：是叶轮的外圆部分，用以安装和固定动叶，其结构形式和尺寸取决于相配合的动叶叶根结构及圆周速度。

（2）轮毂：是叶轮中心的加厚部分，用以和主轴相配合。

（3）轮盘：是连接轮缘和轮毂的部分，其截面形状与叶轮工作时承受的负荷直接有关。

图 3-11　高压汽轮机转子

图 3-11 中所示的高压汽轮机转子是具有中心孔的整锻结构，由合金钢整锻而成，有 10 级叶轮。

图 3-12　低压汽轮机转子

图 3-12 中所示的低压汽轮机转子是具有中心孔的刚性整锻转子，前、后各有五级正车级叶轮，而且在中部还设有两个双列级叶轮。

知识拓展

叶轮的轮盘上一般都开有平衡孔，以减少作用在叶轮上的轴向推力和汽轮机级内的吸汽损失。为了保证叶轮的强度，平衡孔的孔径不大且孔数为奇数，以避免通过轴线的任意子午面上有两个平衡孔。

3.4 叶片——精巧有力的“推手”

叶片是实现蒸汽能量转化的主要零件。冲动式汽轮机的叶片是动叶，它的作用是将蒸汽的动能转化成转子回转运动的机械功。反动式汽轮机的叶片包括静叶和动叶，静叶的作用和冲动式汽轮机的喷嘴一样。由于叶片形状复杂、尺寸跨度大、受力恶劣、承载最大，且在高温、高压和高转速的工况下持续运转，使得汽轮机的性能在很大程度上取决于叶片的设计制造水平，可以说叶片是汽轮机精巧有力的“推手”。

如图 3-13 所示，一个叶片可以分成三部分：形成汽流通道进行能量转化的叶型部分，用以固定叶片的叶根部分，以及将叶片连接成组或削薄的叶顶部分。叶片的根部是用来安装和固定叶片的，对叶片工作的可靠性影响很大。图 3-14 给出了 5 种叶根结构的形状。其中，T 形叶根结构简单，加工方便，但在离心力作用下，叶根会对轮缘两侧产生弯矩，为此有些 T 形叶根会在两侧做成外包凸肩将轮缘包住，以防止轮缘张开。T 形叶根多用于短叶片，加有凸肩的可用于中长叶片。在离心力较大的场合，可以通过增加叶根承力肩数的方法采用双 T 形叶根。叉形叶根强度较高，适应性好，多用于大功率汽轮机的调节级和末几级。纵树形叶根呈楔形，这种叶根承载能力大，承载截面按等强度分布，但精度要求高，目前已广泛应用于超临界高参数汽轮机的叶片。

汽轮机叶片按截面形状进行分类，有等截面和变截面两种。等截面叶片沿叶高方向各截面都采用同一叶型，又称直叶片。变截面叶片的叶型沿叶高方向按一定规律变化，又称为扭叶片。按制造方法分，则有拉成叶片、半铣叶片、全铣叶片、锻压叶片和精密铸造叶片。拉成叶片是用冷拉或冷轧的型钢制造的，叶根和

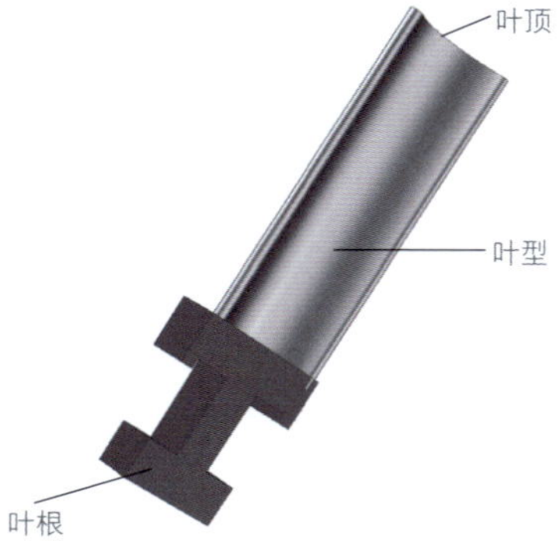

图 3-13 叶片结构

叶片需满足以下要求：
（1）高效率；
（2）高强度；
（3）耐高温，抗冲蚀和腐蚀；
（4）结构简单，便于加工。

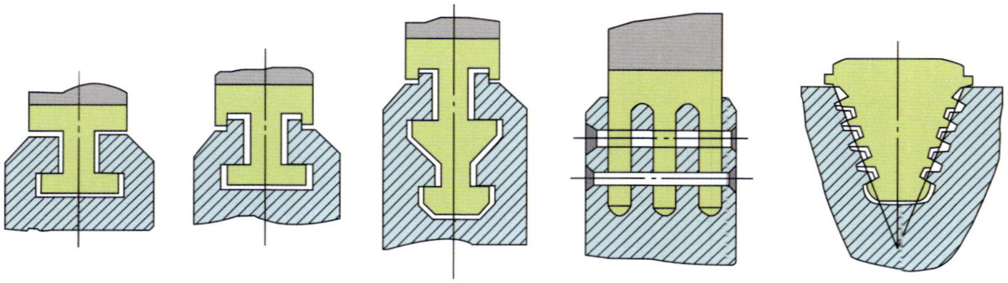

（a）T 形叶根 （b）外包凸肩 T 形叶根 （c）双 T 形叶根 （d）叉形叶根 （e）枞树形叶根

图 3-14 叶根结构

工作部分的厚度相等，需在两个叶片的叶根中间加装一个隔叶件，才能形成汽流通道。全铣叶片（见图 3-15）是用条钢经几十道工艺——主要是铣削加工出来的，费工费料，但强度和刚度大，尺寸精度高和粗糙度低，且由于叶根加厚，两个叶片装配在一起即可自行形成汽流通道。目前船舶主汽轮机和辅助汽轮机的动叶，几乎都是采用全铣叶片。半铣叶片是介于拉成叶片和全铣叶片之间的一种结构，叶根截面比叶片工作部分的叶型稍厚，所以叶根强度稍有提高，但仍需要隔叶件才能形成汽流通道。锻压叶片和精密铸造叶片则分别是用模锻的叶片和失蜡法浇铸出的叶片做毛坯，再经少量精铣和抛光而成的。锻压叶片用于大功率汽轮机的最后数级之中，铸造叶片目前仅用作静叶。

为什么整个叶片组的形状像一把半打开的雨伞呢？

这是因为叶片的大小不一样。汽轮机中有许多级，各级的蒸汽压力是不同的，第一级受到的是蒸汽进口压力，它的压力最高，蒸汽的比体积最小；而最末一级是汽轮机的排汽压力，压力最低，蒸汽的比体积最大。当蒸汽逐级流动时，蒸汽的压力逐渐降低，随之蒸汽的比体积就逐渐增大，于是蒸汽的导通面积就得增大，因此叶片逐级变大（见图 3-16）。

图 3-15　加工中心铣制叶片

图 3-16　低压转子末级叶片的装配

中华小讲堂

图 3-17　东方电气研发的 1828mm 末级阻尼叶片

汽轮机末级叶片的工作条件十分恶劣，叶片受高温、高压蒸汽的作用，工作中承受着较大的弯矩，还承受很大的离心力和很复杂的激振力，同时还要经受电化学腐蚀及水滴冲蚀。减振阻尼叶片振动应力小、安全性高，是世界上先进汽轮机发展的必然选择。但由于这类叶片振动特性极为复杂、长叶片离心力巨大、设计制造技术难度很大，并且发达国家对减振阻尼叶片的技术封锁“滴水不漏”。在这种情况下，我国科研人员艰苦攻关，对减振阻尼叶片进行气动、强度、振动耦合分析，不断对叶片、叶型进行优化，终于掌握了整套具有自主知识产权的系列化减振阻尼叶片设计关键技术，汽轮机叶片设计制造能力达到了世界先进水平（见图 3-17）。

3.5 围带——紧密团结的“纽带”

汽轮机叶片是弹性体，当叶片受到外力作用时，它会偏离平衡位置。当外力消除后，由于叶片自身运动的惯性力和质量的惯性力作用，它会在其平衡位置附近反复振动，这种振动称为自由振动。当叶片受到一个周期性外力作用时，它也会发生振动，严重时会导致叶片的疲劳损坏。为了避免或减少振动，通常在叶片的叶顶部分（见图 3-18）用围带将数个动叶连接成组，以增加叶片的刚度和抗振能力，并使叶片上的负荷在组内均匀化，可以说围带是汽轮机叶片紧密团结的“纽带”。

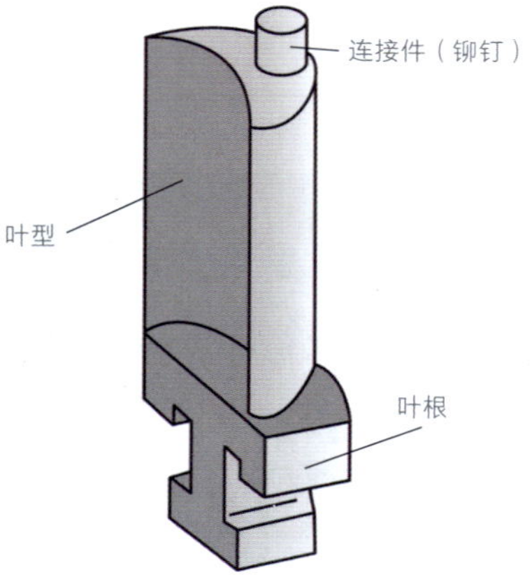

图 3-18　连接围带的叶片叶顶

围带是一根很薄的不锈钢带，其上按一定间距冲有铆钉孔，每个动叶叶顶上的铆钉就是穿过这个孔和围带铆接在一起的，每组叶片两端的铆钉头要加焊。图 3-19 给出了两种围带叶片组的结构。一种是在叶片的叶顶上铣出端钉，用带均布铆钉孔的薄钢带铆接成组，组内叶片数为 6～12 个；另一种是在叶片的叶顶上直接铣出围带，装配后相邻叶片的叶顶紧靠，在叶顶接缝处加银焊并车光，后者的抗弯刚度要大于前者。对于铆接围带叶片组，围带的铆接质量对叶片组的可靠性有很大的影响。因此，要求围带和叶顶的接合面贴紧；围带的铆钉孔和叶片的端钉附近无裂纹；铆接钉头上还常加银焊。

反动式汽轮机的动叶和静叶前后有较大的压差，叶顶间隙漏

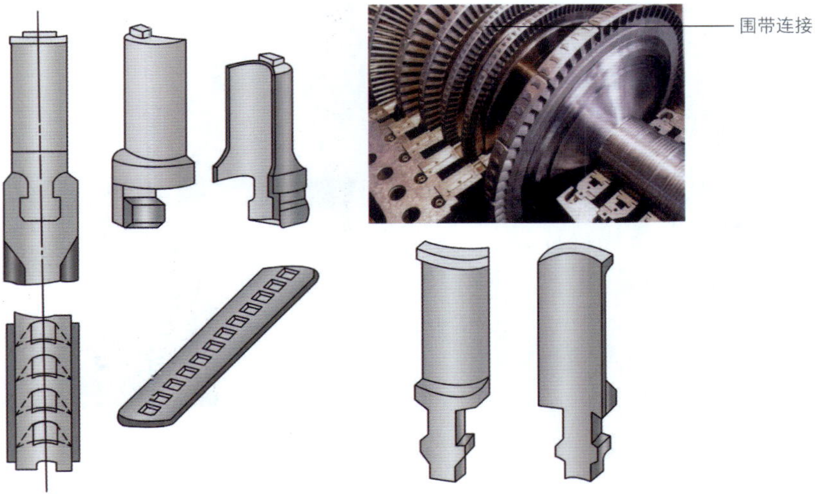

（a）铆接围带　（b）焊接围带

图 3-19　叶片组的围带连接

汽比冲动式汽轮机要严重得多，因此要保持较小的叶顶径向间隙；但是，径向间隙减少又可能会发生动叶叶顶与汽缸或静叶叶顶与转子相碰磨的危险。为使万一碰到时不致造成叶片折断而引起严重事故，通常需要将叶顶凸面削薄。

像冲动式汽轮机一样，反动式汽轮机的动叶在工作时也会发生振动，但由于叶顶径向间隙小，不能安装围带以增加叶片的刚度，在结构上通常用拉筋将若干个叶片连接成一组。如图 3-20 所示，拉筋是一根圆形金属线，它穿过叶片相应的孔后，用银焊与叶片焊牢。根据叶片的高度，也可以用一根、两根或者三根拉筋，将 6～12 个叶片连成一组。为了允许受热膨胀，相邻两根拉筋之间要留有一定的间隙。两组叶片之间还穿有减振拉筋，它与一组叶片焊牢，而自由地插入另一组叶片相应的孔中。当一组叶片发生振动时，在离心力作用下减振拉筋的自由段和叶片的拉筋孔相摩擦，可起到降低叶片的振幅和动应力的作用。拉筋连接常用于截面较薄的反动式叶片。为了避免叶片振动的需要，采用围带连接的叶片组中也有加装拉筋的。

采用拉筋连接的缺点是：

（1）拉筋会引起蒸汽流过汽轮机级的附加阻力；

（2）叶片钻孔会导致其强度降低，要求局部加厚，会使叶片制造工艺变得

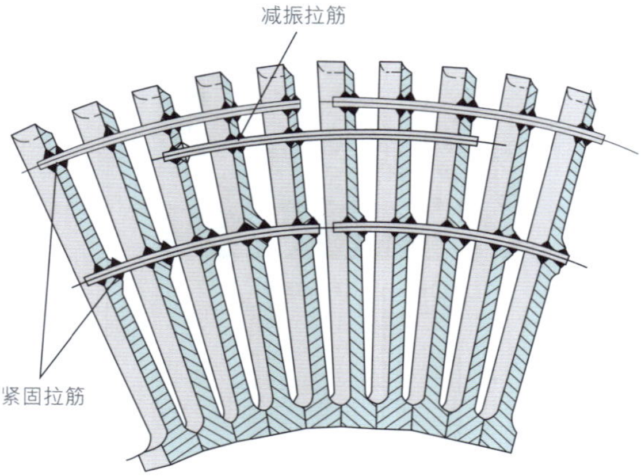

图 3-20　叶片组的拉筋连接

复杂，并造成蒸汽流动损失增加；

（3）拉筋焊接会使叶片和拉筋上有出现裂纹的危险；

（4）拉筋经受交变应力常常损坏，可能会引起叶片振动频率的变化和导致叶片共振。

尽管有以上缺点，但汽轮机制造厂家还是广泛采用叶片组间的拉筋连接作为提高振动可靠性的重要手段之一。

知识速递

汽轮机转子经转子体加工、叶片装配、围带车削等环节，需要进入高速动平衡试验工序。高速动平衡试验是汽轮机转子制造的最后一道工序，它相当于转子的“医生”。通过转子在试验台上高速旋转，测量振动，检测并修正转子的不平衡状态，以降低现场机组的振动水平，提高机组运行安全性和稳定性，延长使用寿命。

3.6 汽封——严防死守的“关口”

大部分蒸汽流过静叶和动叶进行能量转化之外，还有一小部分蒸汽会流过各种缝隙而不做功，成为一种损耗，不仅降低了机组效率，而且会导致环境湿度变大。那么，如何解决主轴与汽缸轴孔间、隔板与轴颈间等部位的气密性问题呢？这个问题的解决方案就是安装汽封。汽封对于汽轮机的经济性、可靠性以及改善机舱的工作条件等方面，都有着至关重要的作用，可以说汽封是汽轮机内严防漏汽的“关口”。

如图 3-21 所示，主轴穿过汽缸支撑在轴承上，这里需要留有间隙。对于低压缸的进汽端，汽缸内的蒸汽压力大于外部大气压力，蒸汽会从进汽端漏出，导致机组效率降低，造成部分冷凝水损失；对于低压缸的排汽端，由于汽缸内蒸汽压力低于外界大气压力，空气会从主轴穿出汽缸的间隙漏入缸内。由于空气不能在冷凝器中冷凝，会导致冷凝器内的真空下降，蒸汽做功能力降低。这种装于汽缸两端的汽封，称为端部汽封。除此之外，汽轮

动画：汽轮机内的间隙

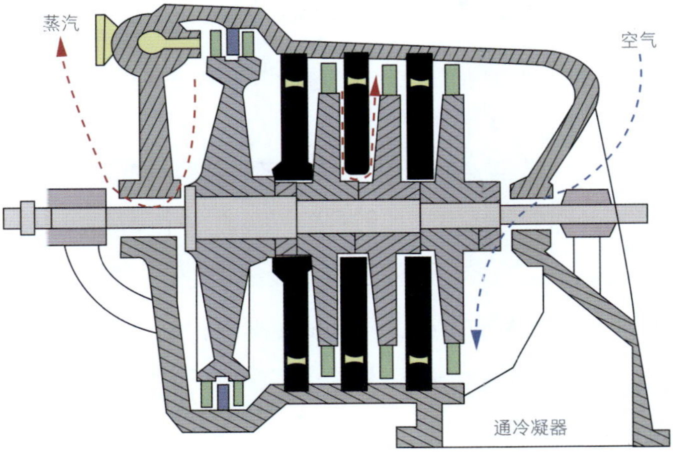

图 3-21　汽轮机内的间隙

机内部隔板与轴颈之间同样存在间隙。蒸汽会从高压侧漏向低压侧，为了减少隔板内孔和轴之间的漏汽，就需要在隔板内孔上安装汽封。隔板汽封因安装在内部，所以也称为内部汽封。

汽轮机中常用的汽封有曲径式、碳圈式两种基本类型。曲径式汽封多用于主汽轮机和功率较大的辅助汽轮机，而碳圈式汽封则多用于辅助汽轮机。

如图 3-22 所示，曲径式汽封的基本部件是由轴颈上的凸环和固定在汽缸和轴颈上的阻汽环形成阻汽室。在阻汽环和轴颈之间有 0.2~0.5mm 的间隙，当蒸汽流过阻汽环的间隙时，压力降低、流速增加。随后进入阻汽室，由于汽流方向和容积的急剧改变而产生涡流，汽流速度显著降低、蒸汽的比体积增大。这样蒸汽依次流过若干个阻汽室，压力逐次降低，比体积逐次增大，到最后一个阻汽环时，蒸汽的压力已经很小了。所以，蒸汽通过曲径式汽封的途径是曲曲折折的，从而实现减少蒸汽泄漏量的目的。

动画：汽轮机轴端汽封

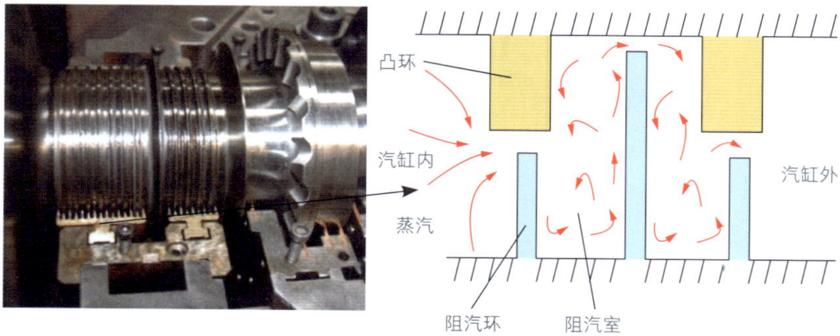

图 3-22 某型涡轮增压机组汽轮机的轴端汽封

由于具体结构上的差别，曲径式汽封有普通式和枞树式之分。图 3-23 所示是弹性普通式曲径汽封，其中阻汽环由数个弧段所组成，弧段借助板弹簧支撑在汽封槽中。板弹簧迫使阻汽弧段合成整圆，并保持正确的中心。当某个阻汽弧段和轴相碰磨时，板弹簧即受压变形，这个阻汽弧段也就随着外移，从而减轻阻汽环对转轴的损伤，并减小了摩擦所产生的热量，大大降低了转轴弯曲变形的可能性。普通式曲径汽封常用于辅助汽轮机，如汽轮发电机、汽轮给水机组、汽轮燃油泵等。

目前，在曲径式汽封的结构上，以枞树式汽封的阻汽效能最好，其阻汽环的断面形状如图 3-24 所示。枞树式汽封的特点是，在单位轴向长度上，可配置较多的阻汽室，所以它的阻汽效能好，汽封的轴向长度可较短，阻汽环上的尖环薄且长同时还有一定弹性，可进一步减小阻汽环和转轴相碰磨时的接触压力。同时，转轴上受碰磨的也是又薄又长的尖环，它易于散热和自由膨胀，所以转轴或汽封轴套都不易弯曲变形，因此能可靠地运转。但是这种汽封的加工和装配都比较困难，所以仅用于大功率汽轮机，如高、低压汽轮机的端部汽封和高压汽轮机的隔板汽封，都是枞树式曲径汽封。

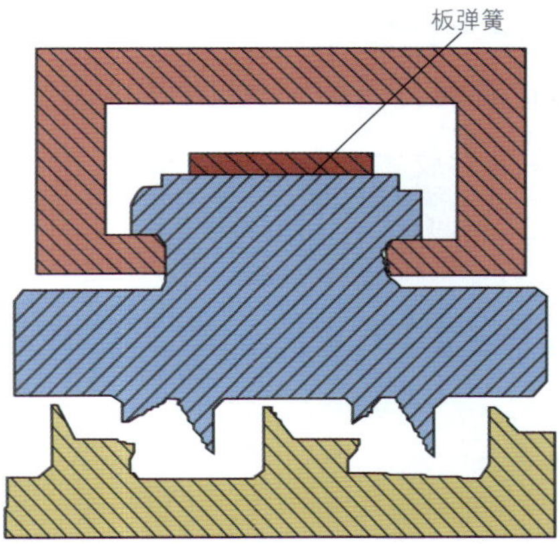

图 3-23 弹性普通式曲径汽封

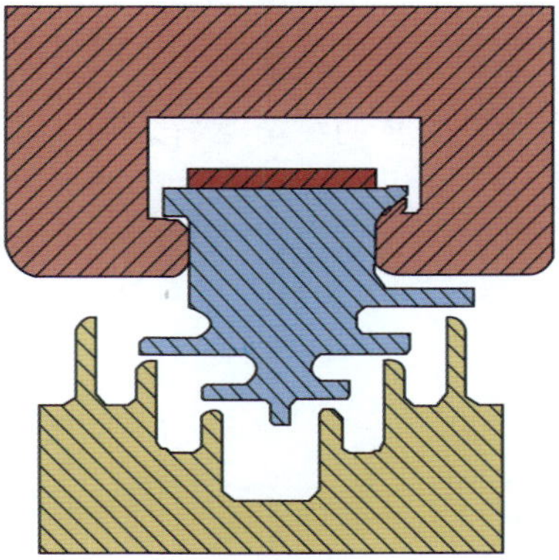

图 3-24 弹性枞树式曲径汽封

碳圈式汽封有良好的阻汽效能，且便于制造和安装。但是碳圈和轴的摩擦热不易散出，会对转轴局部加热，这就限制了碳圈式汽封仅能用于圆周速度不大于 50m/s 之处。因此，碳圈式汽封多用于小功率的辅助汽轮机。

知识速递

图 3-25　采用粘胶布法测量汽封间隙

在汽轮机汽封的安装或检修时，非常重要的工作之一就是汽封间隙的测量与调整。实践证明，高压汽轮机前端汽封间隙如果增加 0.10mm，轴端汽封漏汽量就会增加 1.0～1.5t/h；如果高压部分各级隔板汽封间隙每增加 0.10mm，级效率将降低 0.4%～0.6%。如果隔板汽封漏汽量增加，转子的轴向推力还将加大，在一定程度上会影响汽轮机的安全运行。图 3-25 所示为采用粘胶布法测量汽封间隙。

3.7 轴承——刚柔并济的“支撑”

轴承是汽轮机中最重要的部件之一，它在高负荷、高转速下工作，是一个摩擦部件，也是汽轮机中常见的易损伤部件。汽轮机运转的可靠性，在很大程度上取决于轴承结构的质量，可以说轴承是汽轮机刚柔并济的“支撑”。

按照轴承所承受载荷的性质，汽轮机里的轴承有支持轴承和推力轴承两种。

（1）支持轴承承受径向载荷，保持转动部件有正确的径向位置。

（2）推力轴承承受轴向载荷，保持转动部件有正确的轴向位置。

支持轴承和推力轴承虽然结构不同，但两者的工作原理却是相同的，都是在轴承和转轴的接触表面之间形成楔形油膜，用油膜的液体摩擦代替金属之间的干摩擦来降低轴承中的摩擦阻力和表面损伤。

那么，轴承中的楔形油膜是怎样形成的呢？

先观察图 3-26（a）所示的两块平行板，在两板中间有一层润滑油，上板以等速度 v 向左平移，下板则静止不动。由于润滑油的黏性及润滑油和金属板之间的吸附作用，润滑油被移动件带动逐层向左移，油膜好似一串水平的薄油片叠加而成，贴附在移动件上的油层的流速为 v，而贴附在静止件上油层的流速则为零。因此，在油膜厚度方向上，润滑油流速按直线规律变化。同时，按照连续流动的条件，平行板各截面上的润滑油速度，也必按同一直线规律变化。

如果在图 3-26（a）所示的平板上加一垂直载荷，那么一方面上板带着润滑油自进口流向出口，另一方面在载荷作用下两板间的润滑油要自中间向两端漏出，这两种流动的方向在进口段相反而出口段则相同。这样进入板间的油量（进入的减去挤出的），必小于流出板间的油量（带出的加挤出的），其结果是板间的油量减少和油层减薄，直到板间的润滑油全部流出，两板相接触发生干摩擦时为止。

如图 3-26（b）所示，两平板相互倾斜成楔形，且上板带着润滑油自大口流向小口。这时若两板各截面中的流速仍按直线规律分布，那么由于板间的进口面积大于出口面积，则进入板间的油量要大于流出板间的流量。那么在板上无载荷时，板间的润滑油就要将出口推开以增大出口面积，使进入和流出板间的油量保持平衡。但当板上有垂直载荷作用时，载荷能使润滑油自中间向两端挤出，那么进入板间的油量要减少（带入的减去挤出的），而流出板间的油量要增加（带出的加上挤出的）。在一定条件下当流入和流出板间的油量相等时，两板之间就能保持一层楔形油膜，使承载的上板和下板相隔开，以油楔中的液体摩擦润滑代替两板之间的干摩擦，这时板间各截面中的润滑油速度分布如图 3-26（b）中曲线所示。

动画：油膜承载原理——平行板

动画：油膜承载原理——楔形板

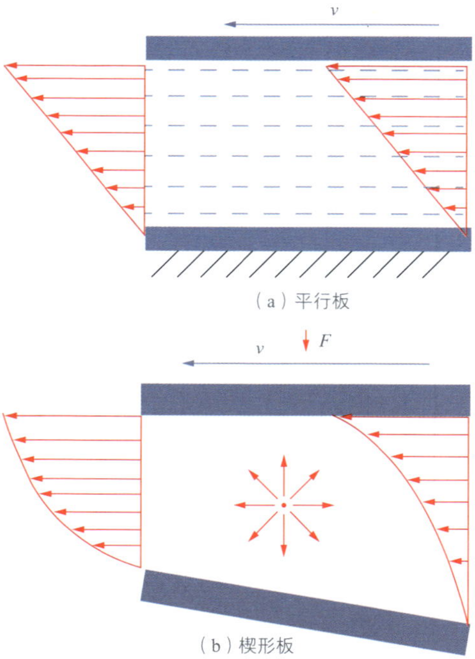

（a）平行板

（b）楔形板

图 3-26　油膜承载原理

由此可以看出，实现稳定的楔形油膜必须具备下列条件：

（1）两摩擦表面必须有一定的相对速度，以保证带入润滑油；

（2）相对运动的两摩擦表面之间必须形成楔形间隙；

（3）润滑油要具有一定的黏度；

（4）有限的垂直负荷。

1. 支持轴承

支持轴承配置在汽轮机、减速器及轴系中，它的作用是支持转子、大小齿轮或轴系的质量，并用来保持转子、大小齿轮或轴系的径向位置。

支持轴承一般由下列基本部件所组成：

（1）轴承座：它固定在台架上，承受施加在轴承上的一切外力，并把它传给台架；

（2）轴承盖：用螺栓固定在轴承座上，从上面盖住轴承；

（3）轴瓦：装在轴承座和轴承盖之中，其内表面浇铸有薄薄的一层巴氏合金。

其中，轴瓦是轴承中最重要的零件，按照轴瓦在轴承座中能否偏转，支持轴承的结构可以分为固定式和自位式两种，如图 3-27 所示。

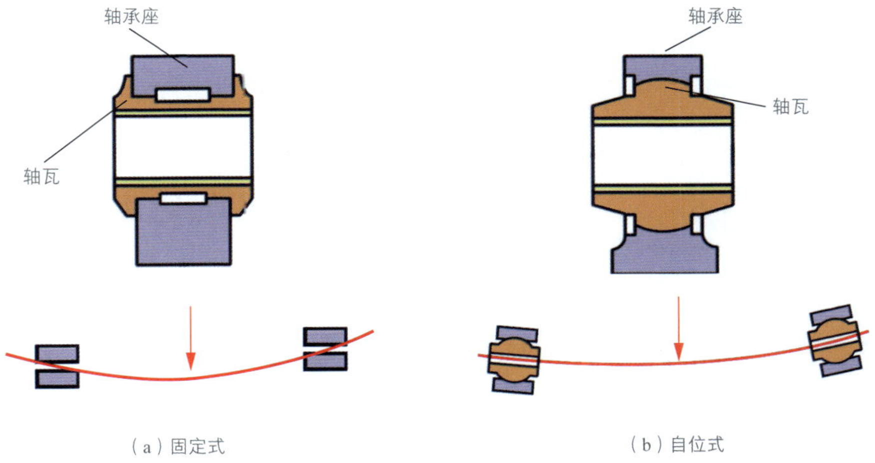

图 3-27　固定式和自位式支持轴承示意

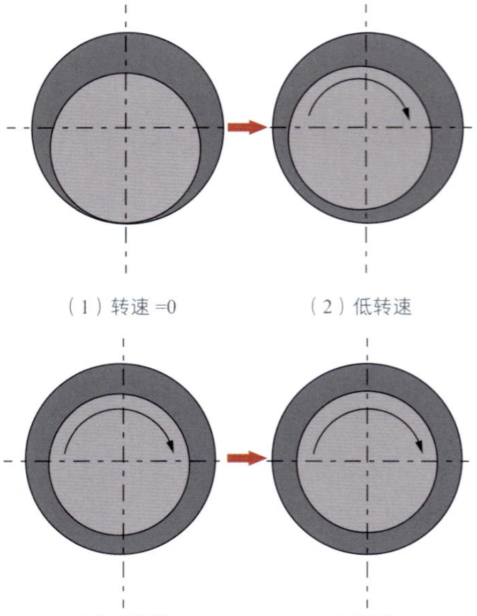

图 3-28 支持轴承油楔的形成

支持轴承油楔的形成过程（见图 3-28）：

（1）汽轮机不工作时，轴颈落在下轴瓦的底部，在轴颈外表面和轴瓦内表面形成楔形间隙；

（2）汽轮机启动时，由于转子的转动，轴颈表面带着润滑油做旋转运动，形成了稳定楔形油膜润滑，轴颈从轴瓦表面被抬起；

（3）汽轮机转速越高，轴颈中心和轴瓦中心的距离越小；

（4）当转速达到无限大时，轴颈和轴瓦是同心的。

2. 推力轴承

推力轴承承受汽轮机中不平衡的轴向力和保持转子与汽缸之间的工常轴向位置，如汽轮机转子上和齿轮减速器里的推力轴承。

推力轴承也可以分为固定式和自位式两种结构形式（见图 3-29）。

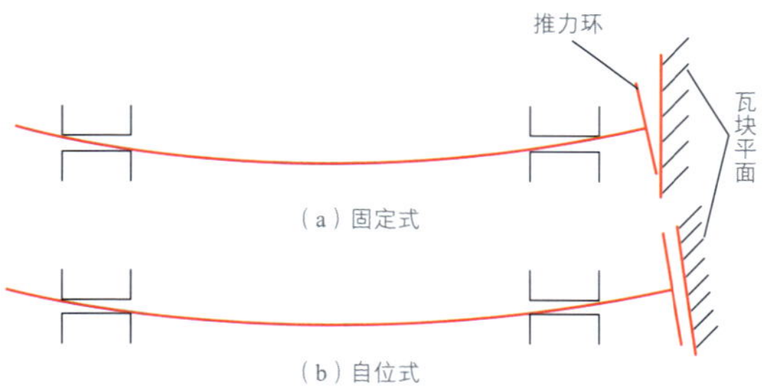

图 3-29 固定式和自位式推力轴承示意

固定式：当机轴挠曲引起推力环偏转时，瓦块平面不能和推力环保持平行，因此下半部的瓦块局部负荷较大，摩擦也比较严重。

自位式：当发生机轴挠曲时，瓦块平面能自动调整，保持和推力环相平行，则各瓦块承受的负荷均匀。

自位式推力轴承广泛应用于高、低压汽轮机的推力轴承和大功率辅助汽轮机（汽轮循环水泵、汽轮给水机组等），它们的结构和工作原理相似。这种轴承结构的核心部分，是由推力瓦块、承压块和平衡块所构成的链锁均压（见图 3-30）。

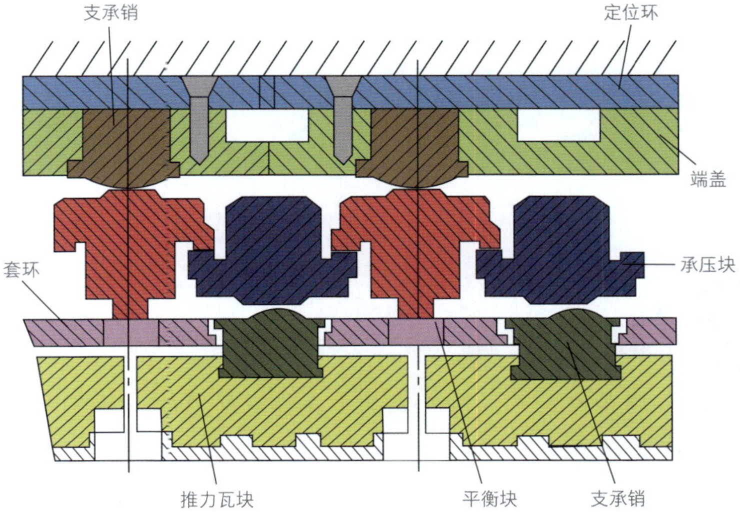

图 3-30　推力轴承中心圆展开图

推力瓦块上的载荷由其中心的支承销通过承压块传到一对平衡块，再由支承销传到轴承外壳。通过这个链锁均压，就能自动地平衡各推力瓦块上的载荷，其过程如下（见图 3-31）。

动画：链锁均压自位式推力轴承传动原理

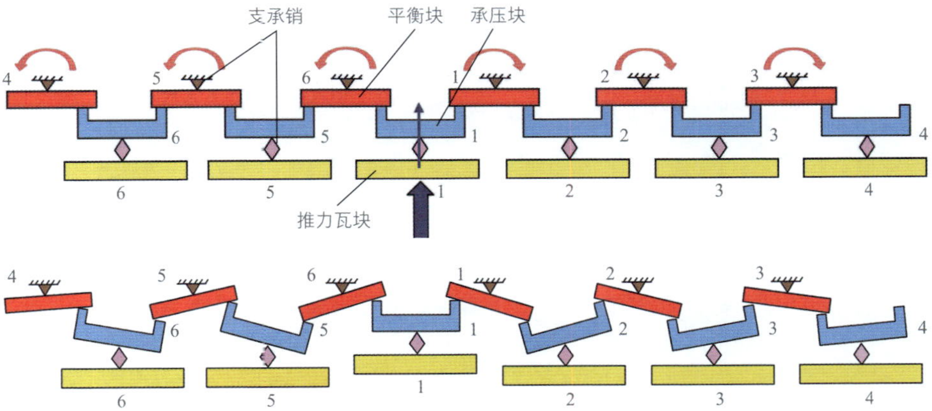

图 3-31　链锁均压自位式推力轴承的传动示意

例如：当1号推力瓦块载荷过大，它就被压离推力环，并引起1号承压块轴向移动，迫使1号和6号平衡块绕其支点按箭头所示的方向转动，通过接触又迫使2号及5号承压块按图示的方向轴向移动和转动。2号和5号承压块的轴向移动，反过来推使2号和5号推力瓦块贴近推力环，去承受更大的负荷；而2号和5号承压块的转动，又使2号和5号平衡块按箭头方向转动，于是引起连锁反应，各平衡块和承压块相继运动，把其余载荷较轻的推力瓦块依次推向推力环，以分担1号推力瓦块上的过大载荷，这一过程要进行到各推力瓦块上的载荷相等时，方能达到平衡状态，停止转动。

知识速递

汽轮机轴承的轴瓦表面上浇铸有薄薄的一层巴氏合金，它的主要合金成分是锡、铅、锑和铜，具有较好的减摩特性，由美国人伊沙克·巴比特发明而得名，其应用可以追溯到工业革命时代。巴氏合金广泛用于大型船用柴油机、涡轮机、交流发电机以及其他矿山机械和大型旋转机械的轴承材料。

第 3 章　思维导图

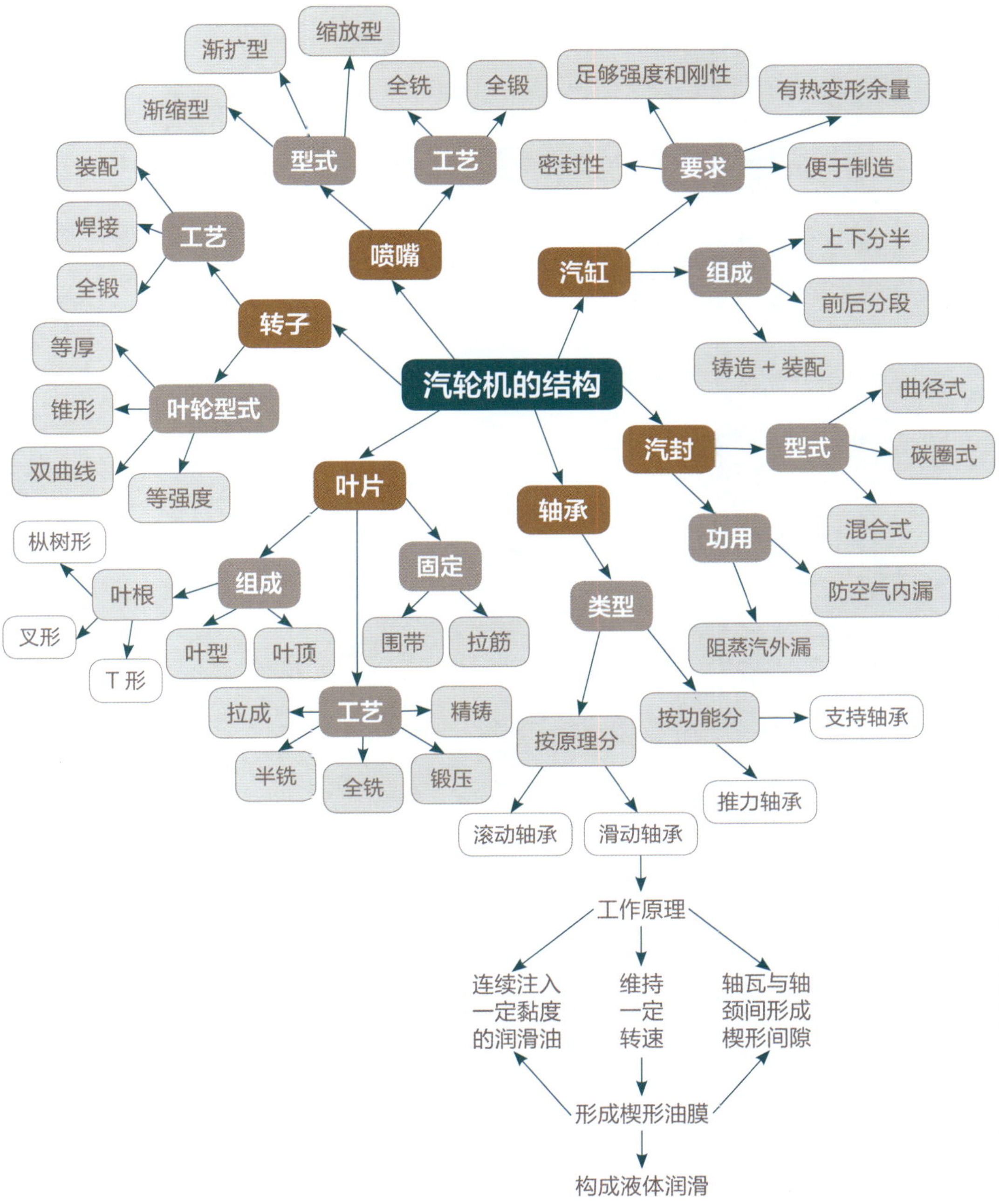
汽轮机的结构
喷嘴
型式
渐扩型
缩放型
渐缩型
工艺
全铣
全锻
汽缸
要求
足够强度和刚性
有热变形余量
密封性
便于制造
组成
上下分半
前后分段
铸造 + 装配
转子
工艺
装配
焊接
全锻
叶轮型式
等厚
锥形
双曲线
等强度
汽封
型式
曲径式
碳圈式
混合式
功用
防空气内漏
阻蒸汽外漏
叶片
组成
叶根
枞树形
叉形
T 形
叶型
叶顶
固定
围带
拉筋
工艺
拉成
精铸
半铣
全铣
锻压
轴承
类型
按原理分
滚动轴承
滑动轴承
按功能分
支持轴承
推力轴承
工作原理
连续注入一定黏度的润滑油
维持一定转速
轴瓦与轴颈间形成楔形间隙
形成楔形油膜
构成液体润滑

第4章 汽轮机的调节与控制

汽轮机组是蒸汽动力船舶的原动机，使用蒸汽作为工质实现做功，驱动螺旋桨旋转产生推进力。为适应船舶航行的需要，汽轮机组应通过控制进入机组的蒸汽量或蒸汽参数调整其功率输出，同时根据指令改变机组的转速和转向，遇到特殊情况时可实施紧急处置和保护措施。那么，这些功能如何实现呢？这就需要汽轮机组配置有专门的调节、控制和保护装置。

4.1 汽轮机的操控——不是“踩油门”那么简单

船舶在海上既要能以指定的航速稳定行驶，又要能及时地改变航速和航向，特别是在进、出港口和离靠码头时，船舶要频繁地变速和变向。这就要求船舶在稳定航行时能使汽轮机的转速和指定转速的偏差在允许范围之内，在变工况操纵时能及时快速地调整汽轮机的转速、功率和转向。

大家可能对汽车比较熟悉，汽车发动机的转速和功率控制，通常只需要“踩油门”。当驾驶员深踩油门踏板时，节气门控制翻板开度变大，进入发动机气缸的混合气量增加，发动机转速增加，输出更加澎湃的动力，因此，油门踏板可以控制汽车发动机的功率输出。

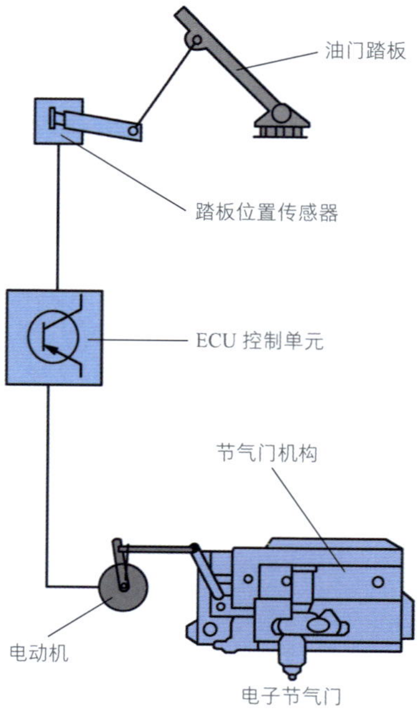

图 4-1　汽车油门工作原理

如图 4-1 所示，当踩下汽车油门踏板时，位置传感器将踏板下降的幅度信号反馈给控制单元，控制单元经过运算后驱动电动机，从而控制节气门的开度。在大负荷时，节气门控制翻板的开口大，进入气缸内的可燃混合汽油气多。

汽轮机的工质是蒸汽，要提升转速、增大功率，就需要加大进汽量，而蒸汽的供给来源于锅炉，这就意味着需要锅炉加大燃烧，于是又涉及锅炉喷油量、空气供给量、给水量和给水压力的调节等。因此，如图4-2所示，汽轮机的操控并不像汽车发动机“踩油门”那么简单，它的操控是一个多设备和系统联动的、复杂的人为操纵和程序控制的过程。

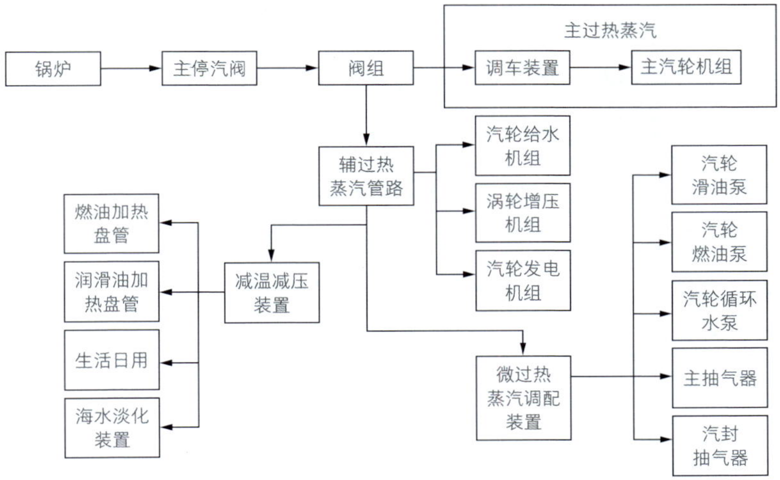

图4-2　某型船舶蒸汽动力装置工作流程简图

1. 汽轮机组功率的调节方式

调节汽轮机组的功率有汽量调节、汽质调节、混合调节和变锅炉参数调节四种方式。

（1）汽量调节。只改变进汽量的调节称为汽量调节，它是通过增加、减少喷嘴组或改变喷嘴组来实现的，因此也称为喷嘴调节。

（2）汽质调节。不改变工作喷嘴组数，而是采用关小进汽阀门的方法，使进入汽轮机的蒸汽压力下降。

（3）混合调节。在整个额定工况下尽量采用汽量调节，但在两个额定工况中间的功率时则用汽质调节。

（4）变锅炉参数调节。蒸汽初参数随航速的改变而改变的调节方式称为变锅炉参数调节。

2. 汽轮机的控制方式

使汽轮机组启动、保持指定转速、改变转速和转向以及停机的系统，统称为汽轮机组的控制系统。在 20 世纪 50 年代，船舶汽轮机组的控制系统多采用在机舱操作的手动集中式机械传动控制系统；20 世纪 60 年代较普遍地采用遥控和自控系统，可以在控制室遥控或自动控制汽轮机组的运行；20 世纪 70 年代以来，以计算机为中心的监测和自控系统发展迅速，并被视为现代船舶汽轮机组的标志。但对于有遥控和自控系统的汽轮机组，也都配置有机旁手动机械操纵系统。一旦遥控和自控系统发生故障，可转换到机旁由运行人员操纵。

船舶汽轮机的控制系统包括下列内容：

（1）自动调节。通过自动调节使汽轮机发出的功率与螺旋桨消耗的功率保持平衡，将转速维持在设定值，保证船舶在要求的航速下航行。

（2）遥测遥控。遥控的参数主要有转速、功率、各种蒸汽压力和真空度等，主要有自动和手动两种方式。

知识速递

船舶汽轮机组在运行时，由于各种意外原因或管理不当，会发生危及汽轮机组安全的重大事故。所以船舶汽轮机组都配置有自动保护系统。当机组出现异常征兆时，保护系统即行报警，自动降速运行；而在机组处于危急状态时，保护系统自动切断汽轮机的进汽，机组紧急停机。

4.2 调车装置——汽轮机的“油门”

船舶要能以不同的速度航行，同时还要有高度的机动性，这就要求汽轮机组能迅速地启动、停机、变速和变向，根据指令及时地改变正车汽轮机和倒车汽轮机的汽路和进汽量，以调节、控制机组的功率、速度和方向。实现调节、控制机组功率任务的机构，称为调车装置。

某型船舶汽轮机组调车装置主要包括喷嘴阀、旁通阀、倒车阀、凸轮配汽机构、阀门传动装置等，作用如下：

（1）喷嘴阀：用来控制进入喷嘴的蒸汽流量，以改变汽轮机的功率，控制船舶航速；

（2）旁通阀：开放旁通汽路，使调节级后的汽流绕过低速级组，由旁通道直接进入全速级组；

（3）倒车阀：调节控制供到倒车汽轮机的蒸汽流量；

（4）凸轮配汽机构：将开、关阀的动作和动力传给喷嘴阀，使阀门开启或关闭；

（5）阀门传动装置：用以集中操纵主机的正车喷嘴阀、旁通阀和倒车阀。

喷嘴阀和旁通阀在结构上是类似的。喷嘴阀（见图 4-3）和旁通阀（见图 4-4）的控制是利用凸轮配汽机构（见图 4-5）实现的，这两个阀打开的顺序和开度值是由凸轮型线及凸轮在凸轮轴上的相对位置决定的，凸轮型线是根据阀门流量特性而专门设计的。并且相邻两个阀门的开度有一定的重叠度，即前一个阀门尚未完全开启，后一个阀门即开始打开（即混合调节），以保证汽轮机转速调节的连续性，从而获得良好的操纵性能。

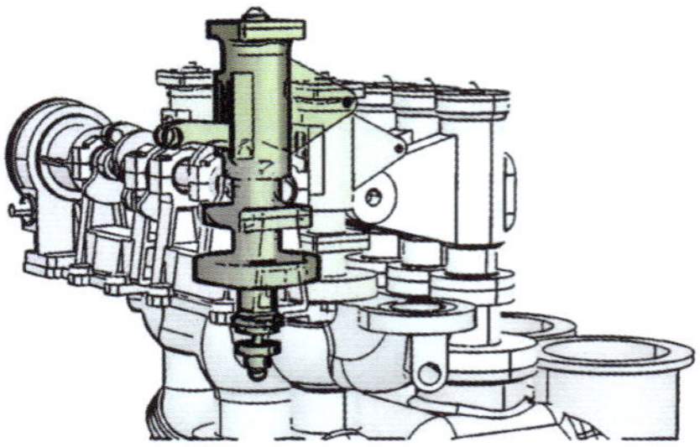

图 4-3 喷嘴阀

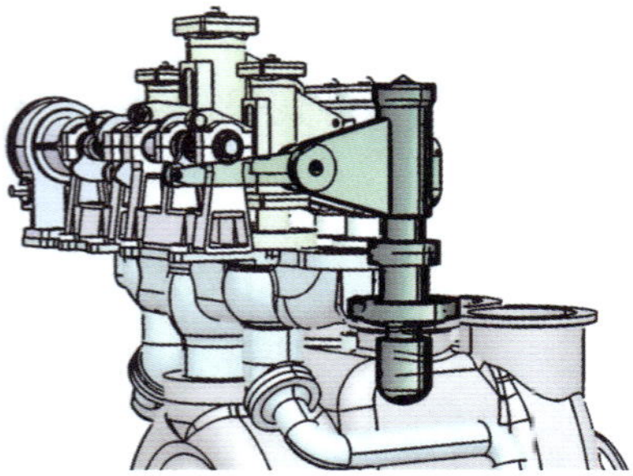

图 4-4 旁通阀

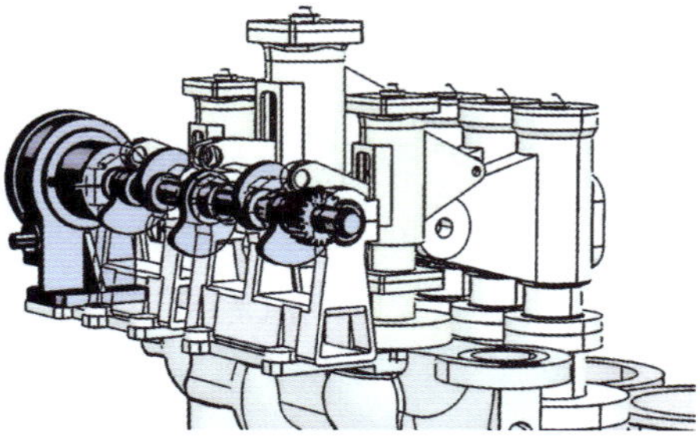

图 4-5 凸轮配汽机构

凸轮配汽机构的功能是利用安装在凸轮轴上的凸轮来控制喷嘴阀和旁通阀的开度的。

图 4-5 中所示的凸轮轴上共装有 5 个凸轮，分别控制 3 个喷嘴阀和 2 个旁通阀，它们的开度是可调的。各阀门的开启顺序和开度的调整，是由各凸轮的轮廓型线所决定的。

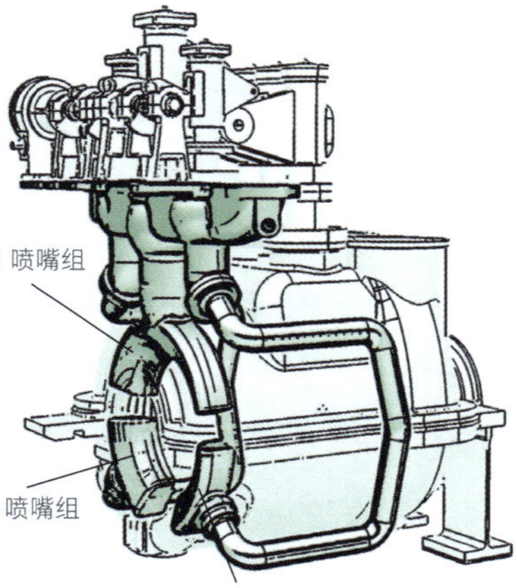

图 4-6 汽轮机喷嘴组布置

图 4-6 中所示的某型船舶汽轮机喷嘴阀箱内共装有 32 只喷嘴，配置在 3 个喷嘴组中，相应每个喷嘴组的分配为：

（1）第 1 喷嘴组有 7只喷嘴；

（2）第 2 喷嘴组有 7只喷嘴；

（3）第 3 喷嘴组有 18只喷嘴。

知识速递

航速是指船舶每小时航行的距离，单位用节（kn）表示，1kn =1852m/h。航速是船舶的主要性能指标之一，一般可分为全速、最高航速、经济航速、低速和倒车航速五种。

（1）全速。是指在正常排水量、光洁船底、三级风、二级浪、宽深海域、主机以额定转速运行时船舶能达到的航速，也是船舶的额定航速。

（2）最高航速。船舶在 100% 主机功率和超过 100% 主机转速、无风浪增阻、无污底下能达到的最大航速，连续使用的时间一次一般不超过一小时。

（3）经济航速。经济航速可分成技术经济航速和战术经济航速两种：

1）技术经济航速是指在该航速下航行时，船舶每航行一海里所消耗的燃油量最少；

2）战术经济航速也称为巡航速度，是根据执行日常勤务和进行航渡等战术活动的需要而确定的。

（4）低速。船舶在复杂气象、复杂海区、窄航道、靠离码头、系离水鼓等情况下进行机动时的航速，往往航速很低。

（5）倒车航速。倒车航速比正车全速小很多，通常仅为正车全速的 30%～40%。

4.3 控制系统——汽轮机的“ECU”

某型船舶汽轮机组的控制系统采用以数字电液调节控制回路为主导的方案，对汽轮机组实现闭环控制，可以说控制系统是汽轮机组的“中枢神经系统”。控制系统主要包括汽轮机组正车控制系统和倒车控制系统。

4.3.1 汽轮机组正车控制系统

蒸汽动力船舶是由汽轮机推进的，船舶的航速主要由螺旋桨大轴的转速决定，也就是由汽轮机的转速决定的，而汽轮机的转速是通过改变进入汽轮机的蒸汽量来改变的。因此，要想控制船舶的航速，主要依靠调节汽轮机喷嘴阀的开度。改变蒸汽的流量，就能控制汽轮机的转速，从而达到控制船舶航速的目的。

主机正车控制系统主要包括指令给定设备、汽轮机控制器、电液伺服阀、正车油动机和反馈装置等。

1. 指令给定设备

系统对主机正车控制设置一个自控 / 遥控切换开关、一个操控开关。自控 / 遥控切换开关用于将主机正车控制在自控 / 遥控两个状态之间相互切换，开关打到“自控”位置时为自控状态，打到“遥控”位置时为遥控状态。操控开关用于遥控时开启或关闭正车喷嘴阀，开关打到“开”位置时为打开阀门操作，开关打到“关”位置时为关闭阀门操作。

2. 汽轮机控制器

汽轮机控制器是控制系统的核心部分。船用汽轮机控制器是控制汽轮机转速的一种嵌入式控制设备。主要被控参数为机组的转速。它实时采集机组转速等运行的相关参数，经过适当的反馈调节计算后，将阀位控制信号传输给电液执行器，控制正车油动机的位移，进而改变正车喷嘴阀的开度，最终控制机组转速跟随给定值变化。

3. 电液伺服阀

船用电液伺服阀由电液一体化执行器和控制滑阀两部分组成。其中，执行器接收汽轮机控制器发出的控制信号，直接驱动控制滑阀，控制正车油动机的位移，进而改变正车喷嘴阀的开度。

4. 正车油动机

正车油动机是正车喷嘴阀的驱动机构，它是实现油压信号向机械信号转变的关键设备。

5. 反馈装置

反馈装置主要包括：

（1）阀门位置反馈：由安装在正车油动机上的位移传感器将油动机升程位移变化转换成电信号输出。

（2）汽轮机艉轴转速反馈：由测速传感器和驱动电路箱组成。

如果希望船舶根据指令稳定在某一航速上，那么就得根据汽轮机的实际转速相对指令转速的偏离情况，不断地调整汽轮机的阀门开度、改变进汽量，从而将汽轮机的转速稳定在某一航速上。如果这一调速过程是自动进行的，那么这一过程就称为转速的自动调节，也称为转速的闭环控制。将汽轮机组正车控制自控/遥控开关打到“自控”位置时为自控状态，其原理框图如图4-7所示。

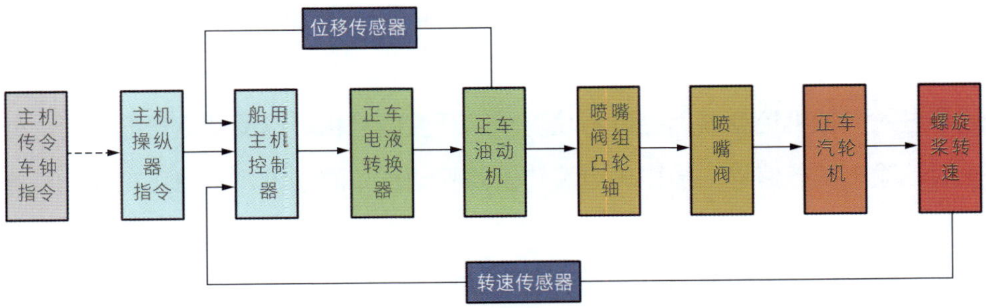

图4-7 汽轮机组正车自动控制原理框图

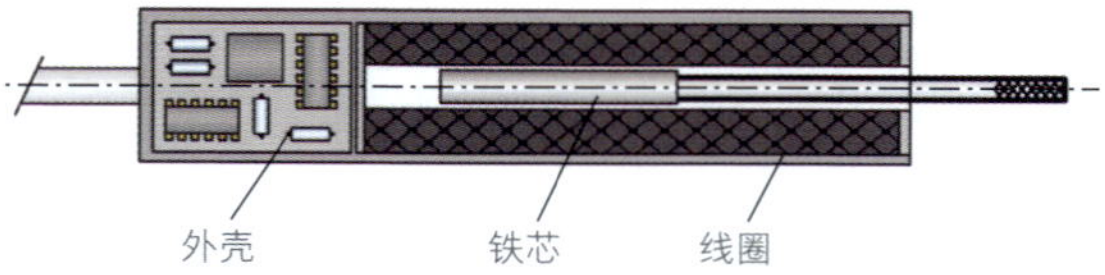

图 4-8 线性位移差动变送器

线性位移差动变送器（见图 4-8）是由铁芯、线圈、外壳等组成的。外壳固定不动，当铁芯与线圈间有相对移动时，线圈感应出的电动势经过整流滤波后，变为表示铁芯与线圈间相对位移的电气信号输出。铁芯通过杠杆与油动机活塞杆相连，输出的电气信号便可模拟油动机的位移，也就是汽阀的开度。

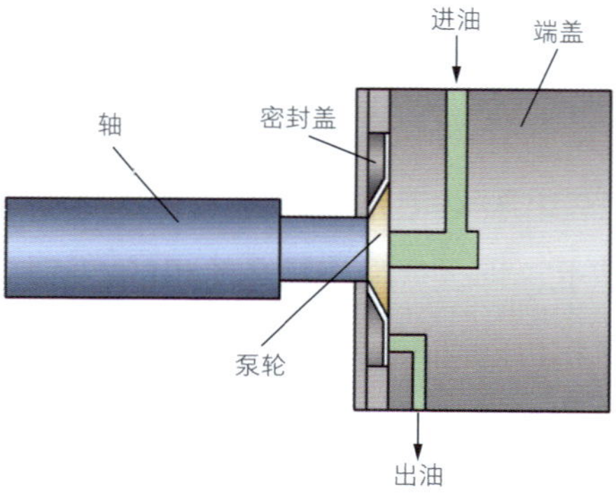

图 4-9 转速传感器

转速传感器（见图 4-9）是一个开式径向叶片离心泵，装在汽轮机的前端部，其出口处的油压只与汽轮机转速有关，因此又称为速度测量器。

润滑油自端盖上的径向进油孔进入泵轮中心的入口，在油泵中受离心力作用加压后汇集在油泵外围的环形油腔内，然后从端盖上的径向排油孔流出，泵的出油口油压作为控制系统的油压信号。

从图 4-7 可以看出，主机组正车自动控制的指令信号来自遥控室主机操纵器（转速给定器）。主机操纵器的转速指令是根据主机传令车钟给出的。指令信号进入汽轮机控制器后经过与喷嘴阀的开度信号和转速反馈信号的计算、处理后，输出调节信号，经正车电液转换器驱动正车油动机，再由正车油动机驱动喷嘴阀组的凸轮轴，改变喷嘴阀的开度，从而改变进入汽轮机的蒸汽量，达到调整汽轮机转速的目的。

其调节过程如下：当车钟发出航速提高命令时，操作人员根据车钟指示工况调节汽轮机操纵器（转速给定器），给出相应的汽轮机转速指令信号，汽轮机控制器控制软件根据指令信号与反馈信号进行控制算法运算，对阀位、转速偏差进行校正，输出一个增大阀位的调节信号，经正车电液伺服阀驱动正车油动机，使正车油动机朝增大凸轮转角的方向移动，正车喷嘴阀开大，随后汽轮机转速上升，直到与给定转速命令相平衡；反之亦然。

当某种原因（如蒸汽参数改变、风浪等）使汽轮机转速偏离指令要求时，控制系统将重新自动调速，使之恢复到指令要求的转速下稳定运行。因此自控系统在指令不变的情况下具有抗干扰、自动调整转速的能力。

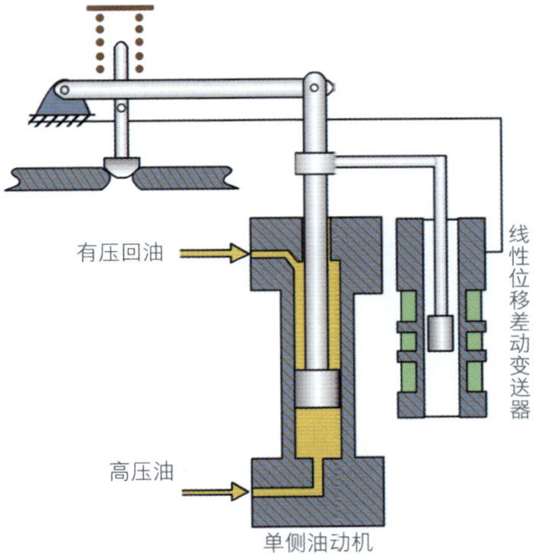

图 4-10 油动机工作原理

油动机（见图 4-10）上缸与有压回油相通，油动机下缸进压力油时，通过杠杆作用可以打开蒸汽阀门，蒸汽进入汽轮机做功。当油动机下缸的压力油被遮断时，蒸汽阀门在上部弹簧回复力的作用下关闭。

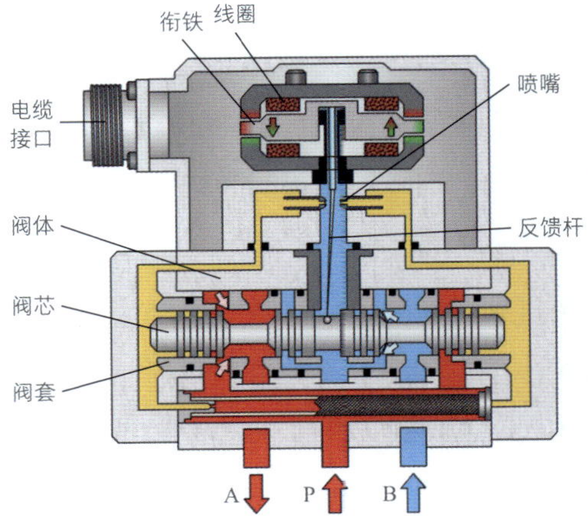

图 4-11 电液伺服阀

电液伺服阀（见图 4-11）是电液伺服控制中的关键元件，它是一种接收模拟电信号后，相应输出调制的流量和压力的液压控制阀。

电液伺服阀将位移电气信号转换为液压信号，控制阀门的开度，相当于一个三位三通方向阀。

当自动控制系统故障或不需要自动控制时，系统可切换为遥控。将汽轮机组正车控制自控 / 遥控开关打到“遥控”位置时为遥控状态，此时可通过正车操控开关进行遥控开大或关小正车喷嘴阀，开关打到“开”位置时为开大阀门操作，开关打到“关”位置时为关小阀门操作，其原理框图如图 4-12 所示。

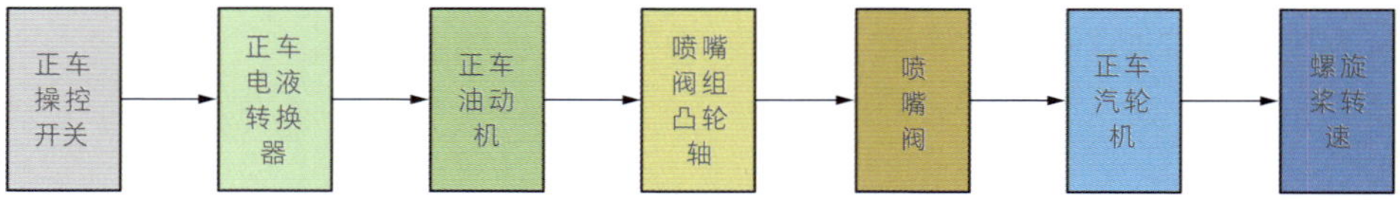

图 4-12　汽轮机组正车遥控原理框图

从图 4-12 中可以看出，遥控时汽轮机转速的调节过程是人为手动的，即通过手动转动汽轮机正车操控开关进行的，没有转速反馈信号进入调节回路，属于开环控制。

4.3.2　汽轮机组倒车控制系统

汽轮机组倒车控制系统同样包括指令给定设备、控制器、电液转换器、反馈装置等。除了阀门位置反馈是由安装在倒车蒸汽阀上的位移传感器完成外，其余设备与正车控制系统是相同的。

汽轮机组倒车控制系统的原理与正车控制系统基本相同，也可在遥控室和机舱两个地点完成。遥控室控制分为自控和遥控两种控制方式，而机舱控制为机旁机械手轮手操方式。正常情况下在遥控室操纵，应急情况下由机旁操纵，相互之间的转换由位于机旁的倒车控制地点转换三通阀完成。

将汽轮机组倒车控制自控 / 遥控开关打到“自控”位置时为自控状态，其原理框图如图 4-13 所示。

将汽轮机组倒车控制自控 / 遥控开关打到“遥控”位置时为遥控状态，此时可通过倒车操控开关进行遥控开大或关小倒车阀门，开关打到“开”位置时为开大阀门操作，开关打到“关”位置时为关小阀门操作，其原理框图如图 4-14 所示。

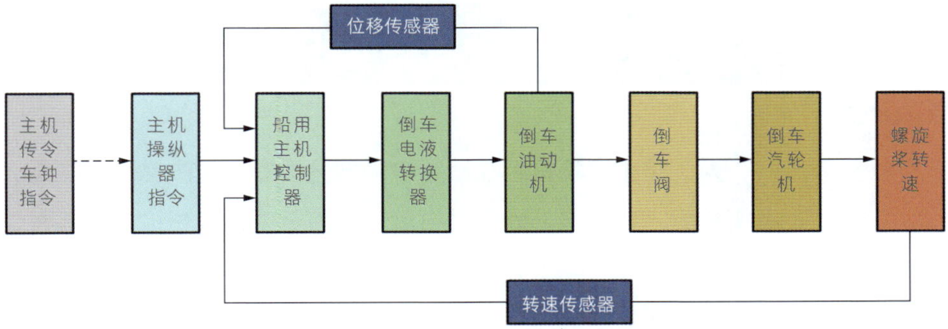

图 4-13　汽轮机组倒车自动控制原理框图

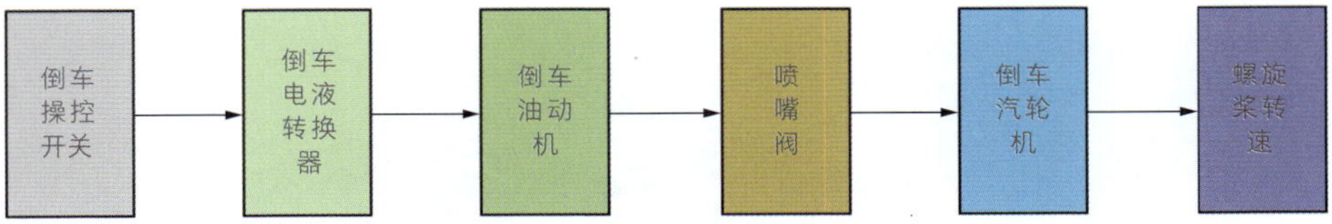

图 4-14　汽轮机组倒车遥控原理框图

4.4 保护系统——汽轮机的“保险”

为了防止汽轮机组在运行中因部分设备工作失常而发生重大安全事故，在机组上通常装有危急遮断系统，也称作保护系统。保护系统监视汽轮机的某些运行参数，当这些参数超过其运行限制值时，该系统就送出遮断信号关闭全部汽轮机蒸汽进汽阀门，实现机组紧急停机，可以说保护系统是汽轮机安全的“保险”。保护系统危急遮断的项目如图 4-15 所示。

图 4-15　保护系统危急遮断的项目

保护系统在以下两种情况下做出动作：

一是机组运行中，为防止部分设备失常造成汽轮机组严重损坏，装有自动停机危急遮断系统，当发生异常情况时，关闭所有进汽阀，紧急停机；

二是超速保护系统，使旁通阀暂时关闭，减少汽轮机进汽量及功率输出，但不能使汽轮机停机。因此，机组相应设置有自动停机危急遮断油路和超速保护控制油路及机械遮断油路。此外，

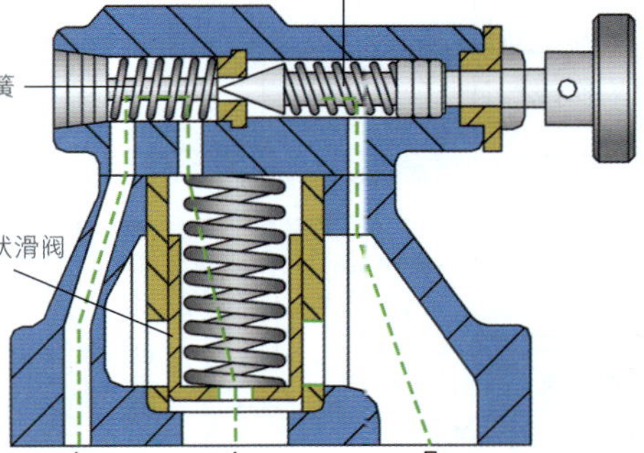

图 4-16　快速卸荷阀

在油动机的旁边（有的直接安装在油动机油缸底部）配置有一个快速卸荷阀（见图 4-16）。当汽轮机组发生故障需要关闭蒸汽阀门时，保护系统动作，危急遮断油失去，卸荷阀杯状滑阀快速打开，迅速泄掉油动机下腔的压力油，快速油动机关闭。

手动停机也借助于机械遮断油路。

快速卸荷阀上部接有一个杯状滑阀，滑阀的下部腔室与油动机活塞下部的高压油路相通，并受到高压油的作用。在杯状滑阀的底部中间有一个小孔，使少量的压力油通到滑阀上部的油室。该油室有两路，一路经过止回阀与危急遮断油路相通，正常运行时由于遮断油总管上的油压等于高压油的油压，它顶着止回阀并使之关闭，滑阀上部的压力油不能从此路泄去；另一油路是通过针阀控制的缩孔，控制通往油动机活塞上腔的油路，调节针阀的开度可以调整滑阀上的油压。正常运行时，滑阀上部的油压作用力加上弹簧的作用力大于滑阀下部高压油的作用力，使杯状滑阀压在底座上，连接回油油路的油口被关闭。当汽轮机保护系统动作时，遮断油总管失压，作用在杯状滑阀上的压力油顶开止回阀并泄油，使该阀上部的油压急剧下降，下部的高压油推动滑阀上移，滑阀套筒上部的泄油口被打开，从而使油动机内的高压油失压，并在弹簧力的作用下，迅速下降，关闭蒸汽阀门，使机组停机。

那么，汽轮机的控制和保护系统是如何工作的呢？

汽轮机的控制和保护系统工作原理如图 4-17 所示，其工作流程如下：

（1）启动：汽轮机控制器输出的指令电压信号经过伺服放大器转换成电流信号后输入电液伺服阀，电液伺服阀动作，高压油进入油动机活塞下部油腔，

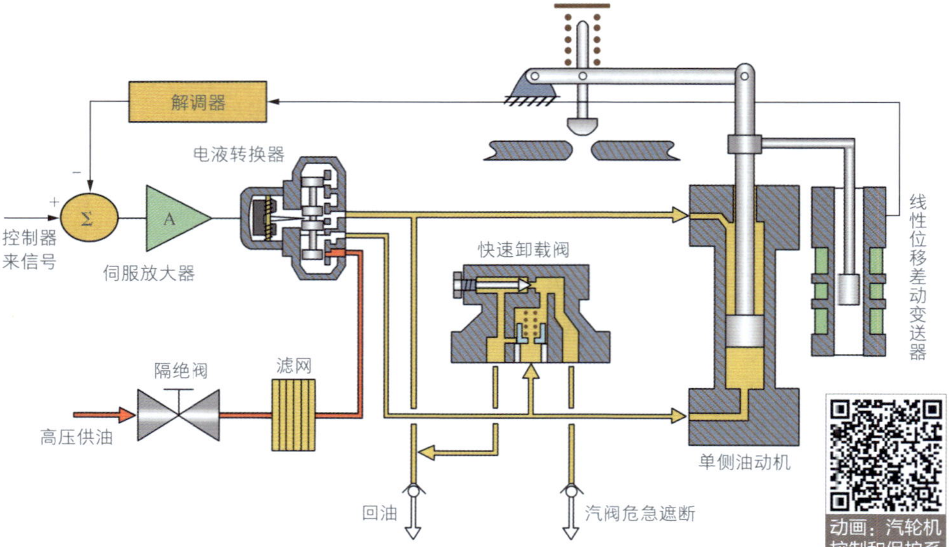

动画：汽轮机控制和保护系统工作原理

图 4-17　汽轮机控制和保护系统工作原理

活塞上移通过杠杆作用打开蒸汽阀门；

（2）控制：用于反馈的线性位移变送器，将油动机活塞杆的机械位移信号转换成电信号，该信号经解调器与控制器输入的信号进行运算。当负荷变化时，控制系统输出开大或关小蒸汽阀门的电压信号，这个给定信号与线性位移变送器的实际阀位信号相减后输出到伺服放大器上，经伺服放大器放大后控制伺服阀达到要求开度，调整高压油的流量和压力，使油动机活塞上移或下移。

（3）保护：当汽轮机组发生故障时，保护系统动作，卸掉快速卸荷阀中的危急遮断油，杯状滑阀上移，油动机活塞下部的高压油通过滑阀套筒上部的泄油口泄压，油动机活塞下移而关闭蒸汽阀门，机组保护停机。

第 4 章　思维导图

- 汽轮机的调节与控制
  - 调节方式
    - 汽量调节 — 改变进汽量（工作喷嘴数量）
    - 汽质调节 — 改变进气压力（节流调节）
    - 混合调节 — 汽量调节 + 汽质调节
    - 变参数调节 — 改变锅炉输出蒸汽初参数
  - 调车装置
    - 喷嘴阀 — 控制进入喷嘴的蒸汽量
    - 旁通阀 — 控制进入全速级的蒸汽通路
    - 倒车阀 — 控制进入倒车汽轮机的蒸汽量
    - 凸轮轴 — 驱动阀门按规定次序开闭
    - 传动装置 — 传递控制阀门的动作
  - 控制系统
    - 指令给定设备 — 输出用车指令
    - 主机控制器 — 信号处理与控制运算
    - 电液伺服器 — 将控制电信号转换成油压
    - 正车油动机 — 驱动调车装置
    - 反馈装置 — 反馈油动机位置和艉轴转速
  - 保护系统
    - 功能
      - 超速保护
      - 低真空保护
      - 低油压保护
      - 人为速关
    - 组成
      - 快速卸荷阀
      - 电液转换器
      - 油动机

第5章 汽轮机的辅助设备

在船舶汽轮机组中，参与工作的工质有蒸汽、水、燃油、润滑油及空气等，输送某种工质或完成一定功能的管子、阀件、设备和调节装置等称为汽轮机组的辅助设备。辅助设备出现故障，就必然会给机组的安全运行带来严重隐患。

5.1 减速齿轮箱——并车减速联轴系

为了保持汽轮机的效率，汽轮机转轴的转速比较高，一般在 3000～9000r/min 范围内，例如某型船舶全速时高压汽轮机转速为 7200r/min，低压汽轮机转速为 5300r/min，但推进器的转速不能这样高，否则推进器就会产生空泡现象，不仅效率降低，而且桨叶易受到冲蚀，甚至完全不能工作。对于中型以上的船舶，推进器的工作转速一般在 200～400r/min 之间。为了解决这一问题，在汽轮机和轴系之间必须装有减速器。

船舶汽轮机组基本都配置有齿轮减速器，用于主汽轮机的齿轮减速器就称之为主齿轮减速器，通常也简称为主减速器（见图 5-1）。主减速器箱体由上箱体、下箱体、油底壳、罩壳、端盖等组成。箱体做成拱形结构，在此下面布置推力轴承。油底壳安装在下箱体的底部法兰下面，是主减速齿轮箱的排油底壳，如图 5-2 所示。

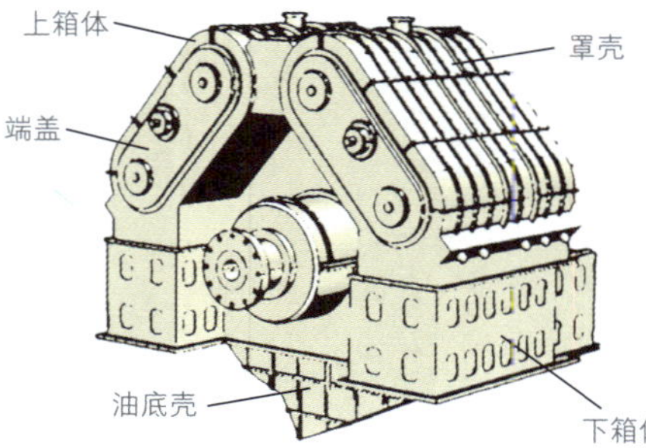

图 5-1　主减速器箱体

主减速器的作用就是将主汽轮机功率传递至螺旋桨轴并匹配主汽轮机与螺旋桨轴的转速，具体来说，可实现以下几个方面的作用：

（1）高、低压汽轮机并车；

（2）将汽轮机的输出功率传递至轴系；

（3）将汽轮机的转速降低至轴系的相应转速；

（4）盘动主减速器、高低压汽轮机转子或轴系；

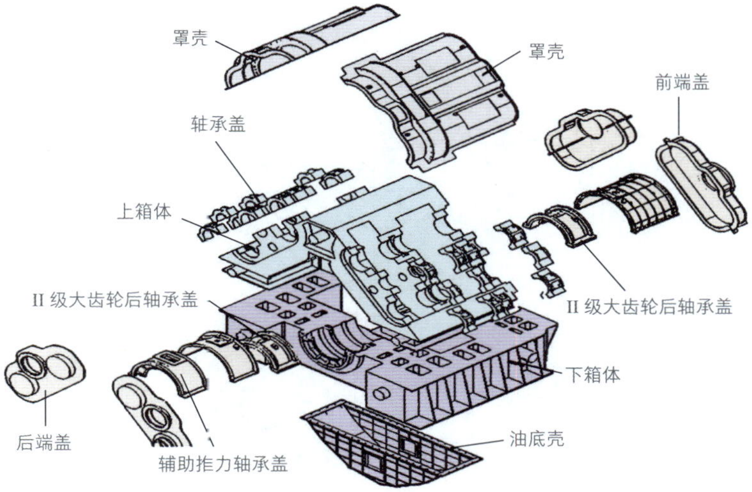

图 5-2　箱体分解图

（5）静态制动主减速器、高低压汽轮机转子或轴系。

主减速器功能流程框图如图 5-3 所示。

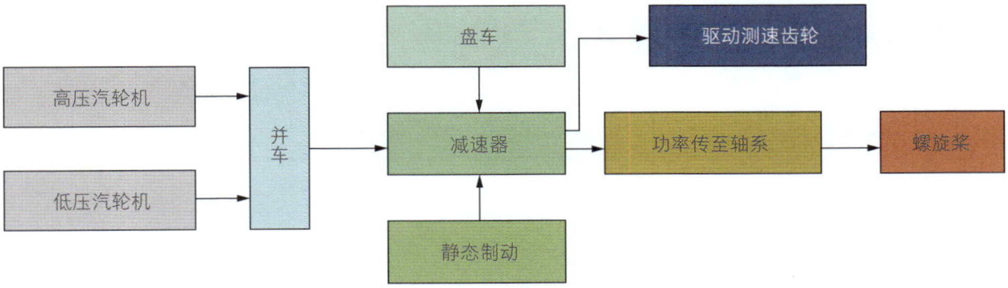

图 5-3　主减速器功能流程框图

如图 5-4 所示，高压和低压汽轮机输出法兰通过联轴器分别驱动高、低压 I 级小齿轮，I 级小齿轮同时驱动两个 I 级大齿轮，以功率分半传动方式传递功率。

主减速器齿轮传动的主要部件有：

（1）高压 I 级小齿轮；

（2）低压 I 级小齿轮；

（3）高压 I 级大齿轮与 II 级小齿轮齿轮组（内）；

（4）高压 I 级大齿轮与 II 级小齿轮齿轮组（外）；

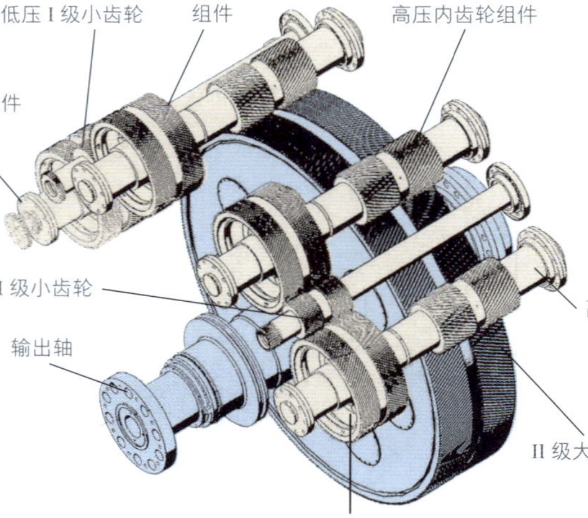

图 5-4　主减速器齿轮组件

> 高压和低压汽轮机通过与其相连的高、低压齿形联轴器将功率传递至主减速器中的高、低压小齿轮，高、低压小齿轮通过与其相啮合的 I 级大齿轮通过联动轴将功率传递至 II 级小齿轮，四个 II 级小齿轮同时与 II 级大齿轮啮合实现高压和低压汽轮机并车、减速和功率传递。主减速器输出轴通过与联轴器、主推力轴承及轴系相连来驱动螺旋桨。

（5）低压 I 级大齿轮与 II 级小齿轮齿轮组（内）；

（6）低压 I 级大齿轮与 II 级小齿轮齿轮组（外）；

（7）II 级大齿轮。

主减速器依靠安装在高压小齿轮艉部的盘车装置还可以盘动齿轮箱、汽轮机转子及轴系，盘车装置为蜗轮、蜗杆传动机构。除此之外，低压小齿轮的艉部安装有静态制动器，可静态制动齿轮箱、汽轮机转子及轴系。只有在汽轮机彻底停车时才能接通制动器，实现制动。

知识速递

齿轮减速器里齿轮的相对位置，可以有不同的配置方案，如图5-5所示。图（a）中齿轮沿轴向依次配置，称为“链式传动”；图（b）中II级齿轮在I级两齿圈之间，称为“窝式传动”；图（c）中I级有两个大齿轮，而小齿轮夹在这两个大齿轮之间，小齿轮同时带动两个大齿轮转动，而这两个I级大齿轮又各与一个II级小齿轮同轴，以两个II级小齿轮带动同一个II级大齿轮。这种I级小齿轮将功率分别传给两个I级大齿轮的减速齿轮，称为“功率分半传动”。

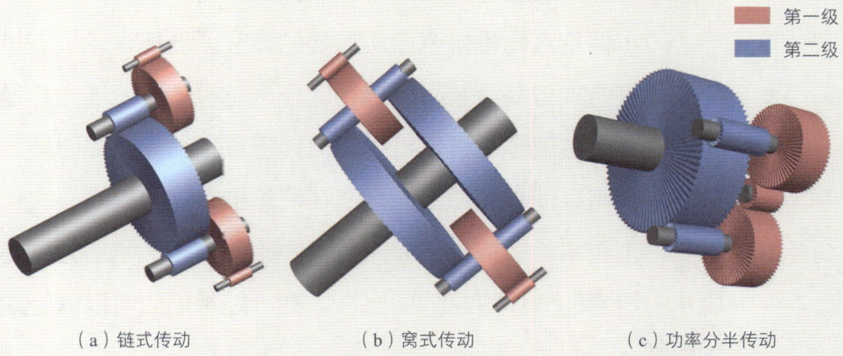

图5-5 齿轮减速器的配置方案

5.2 冷凝器——凝汽为水保真空

船舶汽轮机组采用凝汽式，即机组排出的乏汽要通过冷凝的方式进行回收，因此汽轮机组配置有专门的凝汽装置。凝汽装置是汽轮机组的重要组成部分，在整个蒸汽动力装置的汽水循环中起冷凝蒸汽的作用。

1. 冷凝器的作用

（1）凝汽为水。大功率汽轮机组的蒸汽消耗量很大，例如某汽轮机组在全速时的汽耗量为 100t/h，而船舶的炉水装载量是有限的，这些蒸汽若不及时地被冷凝并继续作为锅炉上水，则汽轮机组不可能持续工作。

（2）保持汽轮机排汽口所需要的真空。低压汽轮机的排汽口采用焊接方式与凝汽装置连接。低压汽轮机的排汽压力总是低于大气压力，也就是说汽轮机排汽口处于真空状态，此时蒸汽的焓值很低，可以使相同质量的蒸汽在汽轮机内做功得到最大化。

（3）凝水除氧。由于凝汽装置中的压力比大气压力低得多，凝水中所含的气体容易分离出来。凝水经除氧后可以减轻对锅炉的腐蚀。

凝汽装置以上这三个作用中，形成和保持真空是本质，因为只有形成了真空，才能使蒸汽动力装置正常工作，才会有另外两个作用存在。

2. 凝汽装置的组成

为了完成其任务，凝汽装置应该包括下列组成，如图 5-6 所示。

（1）冷凝器。乏汽在冷凝器内的凝汽管外放热后被冷凝成水，而冷却水在凝汽管内吸热后排出舷外。

（2）循环水系统。它的作用是不断地从舷外吸入冷却水，使

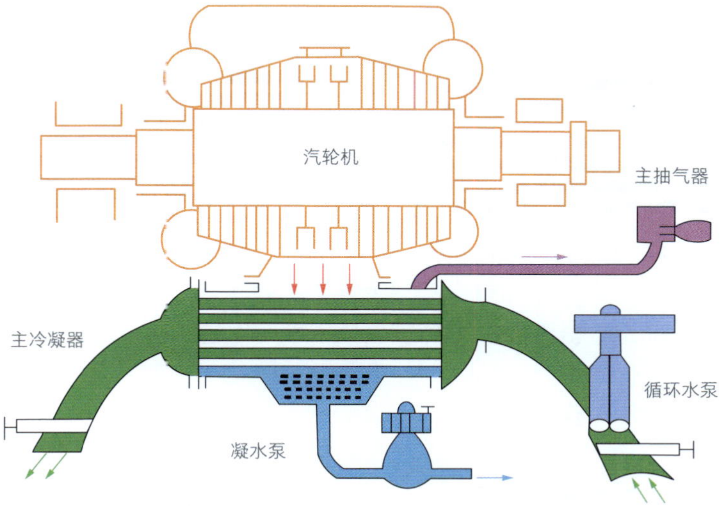

图 5-6　凝汽装置的组成

其流经凝汽管，吸热后再排出舷外。

（3）凝水泵。要保证蒸汽在冷凝器中不断地凝结，需要凝水泵及时抽出凝水，否则当冷凝器充满凝水时，蒸汽就不能凝结了。

（4）射汽抽气器。蒸汽在冷凝器中凝结成水，而从不严密处漏入的空气则不能凝结，需要射汽抽气器不断地抽出冷凝器中的空气，若不及时抽出这些空气，冷凝器中的真空将遭到破坏。

3. 冷凝器结构形式分类

冷凝器的结构形式有多种，可按照循环水的流程、供水方式和蒸汽凝结方式进行分类：

（1）按循环水的流程分。

1）单流式冷凝器（见图 5-7）：冷却水一次性经过所有凝汽管即排出舷外。

2）双流式冷凝器（见图 5-8）：冷却水先经过一半凝汽管，然后折回流经另一半凝汽管，使进、排水端的水室分隔成两半。

（2）按供水方式分。

1）迫流式冷凝器（见图 5-9）：在所有航速下，由循环水泵供给冷却水。

2）自流式冷凝器（见图 5-10）：利用船舶高速运动时的速度，使水自行

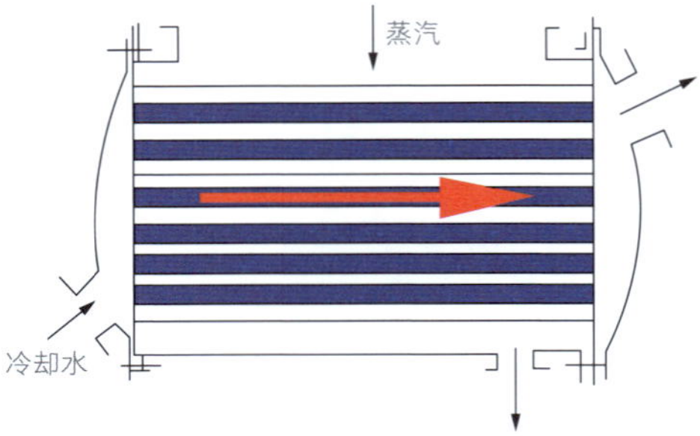

图 5-7 单流式冷凝器

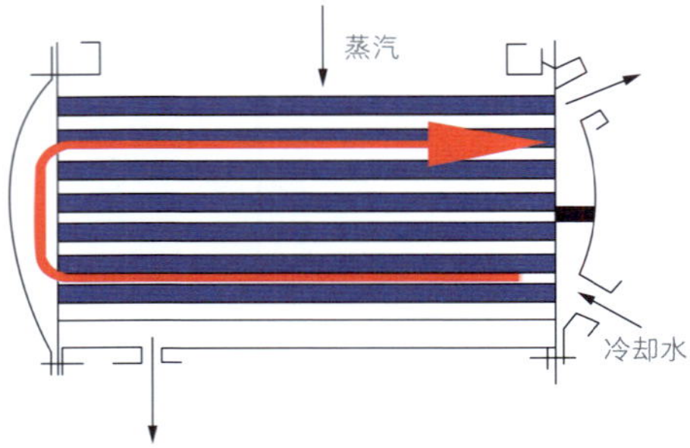

图 5-8 双流式冷凝器

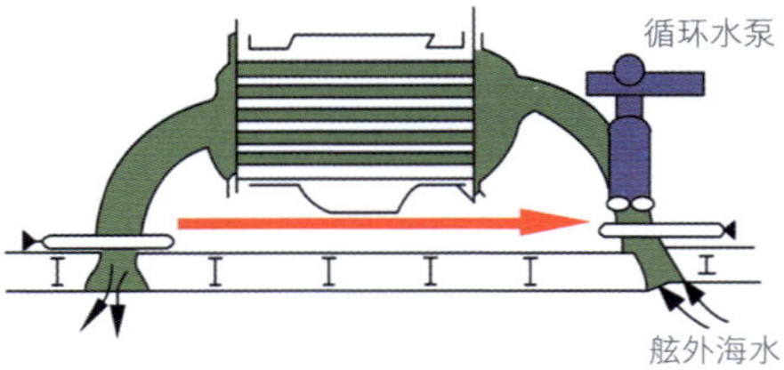

图 5-9 迫流式冷凝器

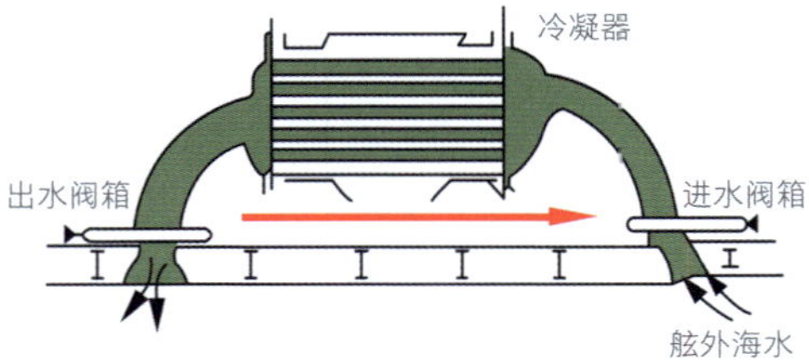

图 5-10 自流式冷凝器

流入冷凝器。在低速和倒车时，则由循环水泵供给冷却水。

（3）按蒸汽凝结方式分。

1）表面式冷凝器：乏汽在凝汽管的外面，冷却水管将乏汽和冷却水隔开。

2）混合式冷凝器（见图 5-11）：乏汽直接与冷却水混合而凝结。

某型蒸汽动力船舶凝汽装置中冷凝器的类型是自流、单流程、表面式冷凝器。

自流—冷凝器中的冷却水采用自流式循环水系统供给。当船舶高速前进时，海水相对于船舶以很高的速度向后流，从而克服冷凝器及管路的阻力自行

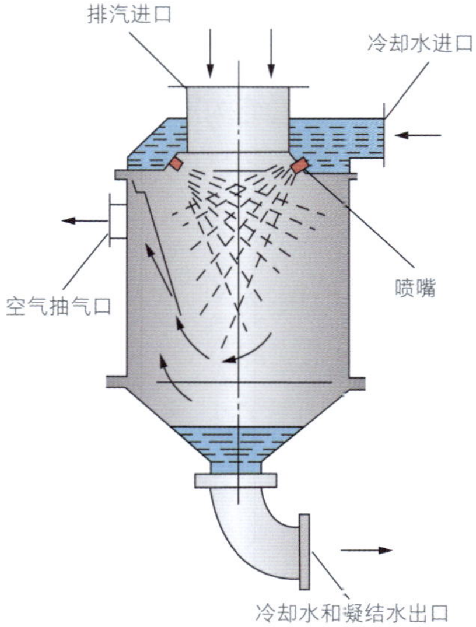

图 5-11 混合式冷凝器

通过冷凝器。航速越高，海水流量也就越大。

单流程—冷却水在凝汽管中流过一次，通过一端的水室排出。

表面式—蒸汽在凝汽管的表面上凝结，而冷却水在凝汽管内流动，蒸汽与冷却水互不接触。

知识重点

冷凝器中的真空是通过蒸汽凝结形成的。当汽轮机末级排汽进入冷凝器后，受到冷却水的冷却而凝结成凝结水，放出汽化潜热。由于蒸汽凝结成水的过程中，体积急剧缩小（在 0.0049MPa 的压力下，水的体积约为干蒸汽的 1/28000），原先被蒸汽占据的体积空了出来，这样就在冷凝器内就形成了高度真空。

5.3 射汽抽气器——抽除空气提真空

进入冷凝器的乏汽中，不可避免地带有一定量的空气，这是由于汽轮机组中处于真空状态的各部分，比如低压汽轮机的法兰、真空管道的法兰、真空部分通舱底的阀门、旋塞等不紧密所导致。这部分漏入的空气在冷凝器中不能凝结，也不能由凝水泵抽出，必须有专用设备将它抽出，否则不能在冷凝器内形成与保持真空。因此，为了从冷凝器中抽出不能冷凝的空气，凝汽装置中必须配有抽气设备。

射汽抽气器的作用就是从冷凝器中抽出不能冷凝的空气，保持汽轮机排汽口规定的真空。

鉴于射汽抽气器结构简单、管理便利、启动迅速且工作可靠的优点，射汽抽气器已成为船舶凝汽装置中广泛采用的抽气设备。但是，射汽抽气器的缺点是工作效率较低。

射汽抽气器主要由混合室、喷嘴和扩压管组成，如图 5-12 所示。由主蒸汽管道来的工作蒸汽节流至 1.2～1.5MPa 压力后，进入工作喷嘴，该工作喷嘴采用缩放喷嘴。蒸汽在工作喷嘴中膨胀加速，以很高的流速（通常达到 1000m/s 以上）射入混合室，使混合室内形成高度真空。混合室与冷凝器抽气口相连，由冷凝器来的气 - 汽混合物在混合室中混合后，被高速工作蒸汽带动一起进入扩压管。在扩压管中，根据伯努利原理，混合物的动能逐渐转变为压力能，最后混合气体扩压至略高于大气压力时排入大气。

图 5-13 为两级射汽抽气器简图。工作蒸汽流出缩放喷嘴时，其速度相当高，造成吸入口混合室处于高度真空，由于吸入口的压力比冷凝器中的压力低得多，便可将冷凝器中的蒸汽 - 空

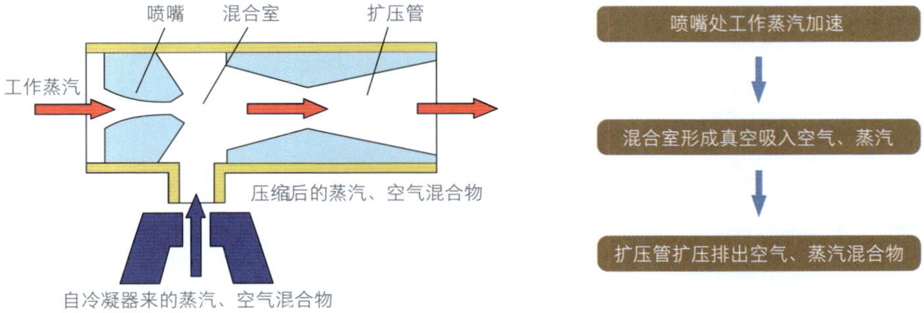

图 5-12 单级射汽抽气器

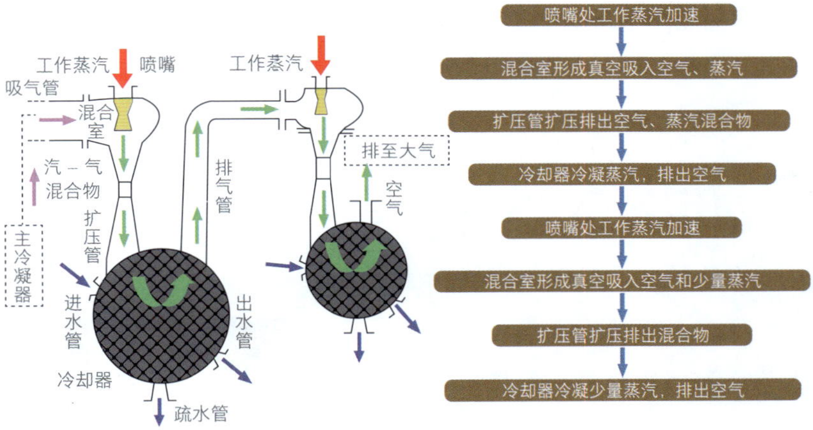

动画：两级射汽抽气器

图 5-13 两级射汽抽气器

气混合物抽出。经过第一级射汽抽气器及其冷却器的混合物继续抽至第二级射汽抽气器，在第二级扩压管中继续降低速度、增加压力，其排气的压力已超过大气压力。经过第二级冷凝器后，剩余的蒸汽都被冷凝成水，而空气被排入大气。第一级的冷凝水，排至冷凝器（因为该处压力比大气压力低），第二级的冷凝水也排至冷凝器。抽气器的冷却器通常是表面式冷凝器，其冷却介质是来自凝水泵出口的冷凝水，这样可以回收一部分抽气器工作蒸汽的热量来加热冷凝水，以提高整个系统的热经济性。

为什么不用单级而用两级抽气呢？

这是由抽气器本身的性能决定的。气 - 汽混合物在扩压管中流动，一次最大只能增压 6～7 倍，一般常取 3～5 倍。冷凝器在船舶全速下压力为 0.15 个绝对大气压，技术经济航速下压力为 0.05 个绝对大气压。那么，以 0.1 个绝对大气压为例，因单级射汽抽气器最大只能把排出压力提高到 0.7 个绝对大气压。显然，在这个压力下不凝结的空气是不可能直接排到大气中去的。若想把空气排到大气中去，必须继续增压。这就是必须采用两级抽气的原因。

射汽抽气器的热效率很低，单级射汽抽气器热效率为 0.15～0.25，多级抽气器的热效率为各单级热效率的乘积。由此可知，两级射汽抽气器热效率只有 0.03～0.05，级数越多时热效率就越低。因此，船舶汽轮机组凝汽装置中的射汽抽气器一般采用两级而不采用单级或多级。

知识速递

伯努利提了理想流体的能量守恒定律，即单位重力作用下理想液体的位置势能、压力势能和动能的总和保持恒定，即伯努利原理。在此基础上，他又阐述了水的压力和速度之间的关系，提出了流体速度增加则压力减小这一重要结论。他的研究领域涉及数学、力学、磁学、潮汐、洋流、行星轨道等。

伯努利（1700—1782），瑞士著名的科学世家伯努利家族的重要成员之一

伯努利原理与我们的生活息息相关，从火车道的安全线，到乒乓球、足球的旋转，从喷雾器到汽油发动机的喷嘴，从高速流体的附壁效应到洋流的弯曲走向，从飞机的升力到机翼上的测速管，无一不与伯努利原理有关。

5.4 汽轮循环水泵——循环供水助冷凝

凝汽装置在整个蒸汽动力装置汽水循环中起冷源作用。为了不间断地从舷外吸入冷却水，使其流经冷凝器带走乏汽冷凝所放出的热量，再排出舷外，在凝汽装置中装有由循环水泵和相应的管路及阀门组成的循环水系统。

循环水系统有以下两种类型。

（1）迫流式系统：即在任何工况下，都由循环水泵向冷凝器供给冷却水。

（2）自流式系统：通过专门的进、出水接管，将舷外水与船体相对运动的动能转化为压头，以克服冷凝器中的水流阻力，使冷却水流过冷凝器。

迫流式系统不受工况的限制，都可以保证冷却水的供应，但循环水泵要供应船舶全速时所需的水量，其功率要求较大；而作为循环水泵的原动机，辅助汽轮机的效率较低，因此对整个装置的经济性有较大影响。

自流式系统只有在顺航一定航速以上时才能开始工作，在低速、暖机特别是倒车时，仍须由循环水泵供水，不过其功率可小些。在顺航一定航速以上时，舷外水利用相对运动的动能自行流过冷凝器，其效率较高，因而整个系统的经济性较好。自流式系统带来的一个问题是需要在船体上开出较大的进、出水孔，对船体强度有一定的影响。

自流式循环水系统的进水接管与循环水泵的配置有两种基本的类型，如图 5-14 所示。串联式循环水系统在所有工况下循环系统的水都需要流过循环水泵，它必须转动。并联式循环水系统在顺航高速下进水接管起作用，自动将循环水泵的进水阀门关闭，循环水泵停止工作；在其余工况下，需启动循环水泵时，阀

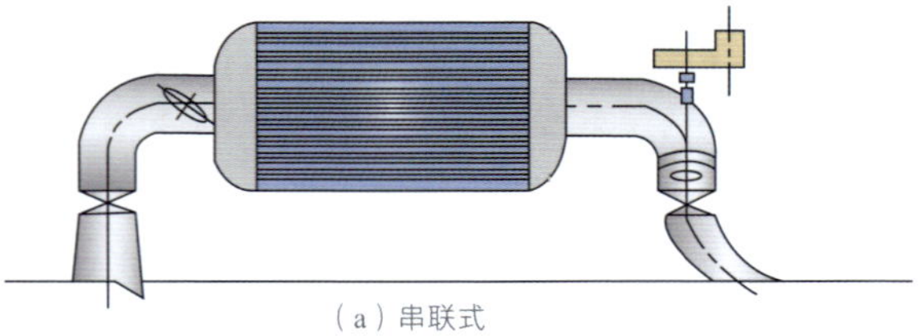

（a）串联式

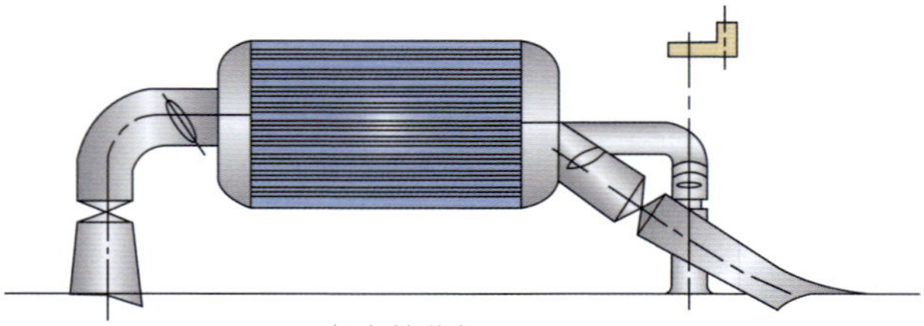

（b）并联式

图 5-14 自流式循环水系统的循环水泵配置

门又将自流进水管的通道关闭，由循环水泵为冷凝器供应冷却水。

在自流式循环系统中，主要由循环水泵及进、出水接管所产生的压力来克服流动阻力。进、出水接管所产生的压力大约与航速的平方为正比。当航速较低时，这部分压力较小，不足以克服所需水量下的流动阻力损失，将造成循环水量不足。为保证供给所需的水量，必须启动循环水泵。在停泊或倒车时，也只有靠循环水泵向系统供水。

图 5-15 表示冷凝器需水量和自流式循环水系统供水量与航速（V）的关系。当航速为零时，要保持冷凝器中的真空，必须供给一定量的循环水。航速增大，汽轮机功率大约按航速三次方的关系增大。蒸汽消耗量与功率呈正比增加，故所需循环水量大约与航速呈三次方的关系。自流循环水系统所供给的水量，与系统中的水流速度呈正比，即与航速呈正比，为直线关系。两根线的交点 S，表示自流循环供给的循环水量满足冷凝器所需水

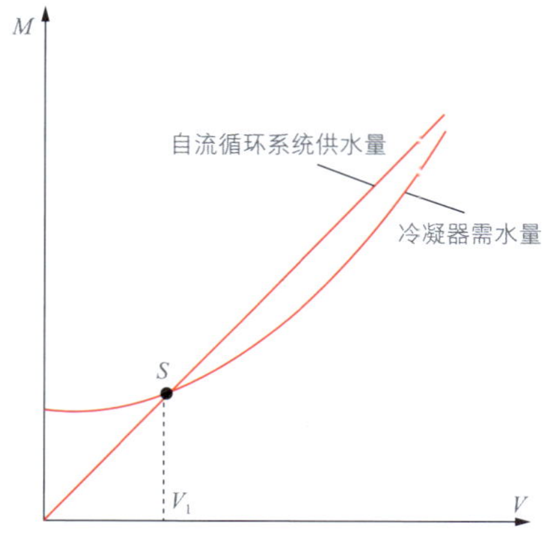

图 5-15 冷凝器需水量和自流式循环水系统水量与航速的关系

量的最低航速。在此航速 V_1 以下，自流循环的供水量不足，必须启动循环水泵。在此航速以上，循环水泵无须投入工作。

对于串联式配置的装置，在高速航行时，循环水流过循环水泵，将驱动它空转，像水轮机一样。为了减少空转阻力，也应向循环水泵的汽轮机供汽，使它在一定的转速下工作，以减少水流阻力。同时还保证了汽轮机突然减速、停机或倒车时冷凝器所需要的冷却水，能得到及时供给。

船舶凝汽装置中循环水泵主要由驱动汽轮机、减速器、轴流泵等组成。新蒸汽进入驱动汽轮机内做功带动转子旋转，减速器将转子转速降低并传给轴流泵泵轴，泵轴的转动带动工作叶轮旋转，海水由进水部分流入工作叶轮，再从工作叶轮流到导向器，使其保持轴向流动，然后通过泵的出口流入汽轮机组的冷凝器等设备。

你知道轴流泵与伯努利原理有着怎样的联系吗?

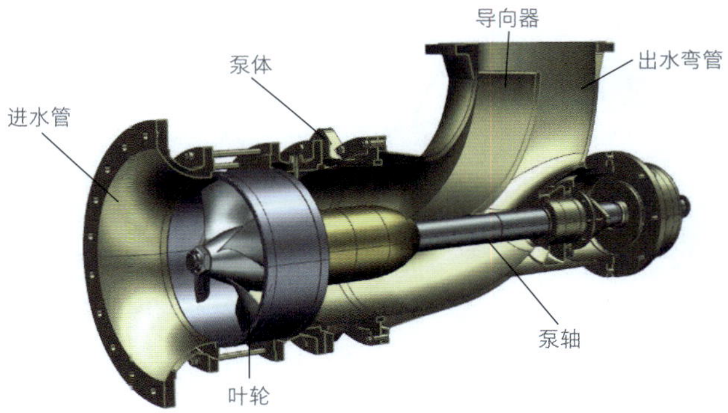

图 5-16 轴流泵

> 轴流泵（见图 5-16）是依靠叶轮旋转时对液体产生的升力来工作的。这种泵由于液体流进叶轮和流出导叶都是沿轴向的，故称为轴流泵。
>
> 当叶轮做顺时针旋转时，浸沉在液体中的叶片对液体产生推和挤的作用，液体被吸入和压出，压出的液体经过导向器流入工作管路。
>
> 导向器安装在叶轮上部的泵壳上，用以消除液体的旋转运动，使之变为轴向，并把旋转运动的动能转变为压力能。

5.5 汽轮给水机组——多泵抽水并增压

汽轮给水机组的工作任务是驱动凝水泵、增压泵和给水泵，将冷凝器内的凝水不断地抽出作为供给锅炉所需要的上水。

汽轮给水机组为立式结构（见图 5-17），主要由汽轮机、减速器、凝水泵、增压泵和给水泵等组成。锅炉来的新蒸汽经过速关阀和配汽机构进入汽轮机的通流部分后膨胀做功，将蒸汽的能量转化成水泵的转动。汽轮机通过齿式联轴器直接驱动给水泵，并通过减速器的从动轴和齿式联轴器驱动凝水泵和增压泵。

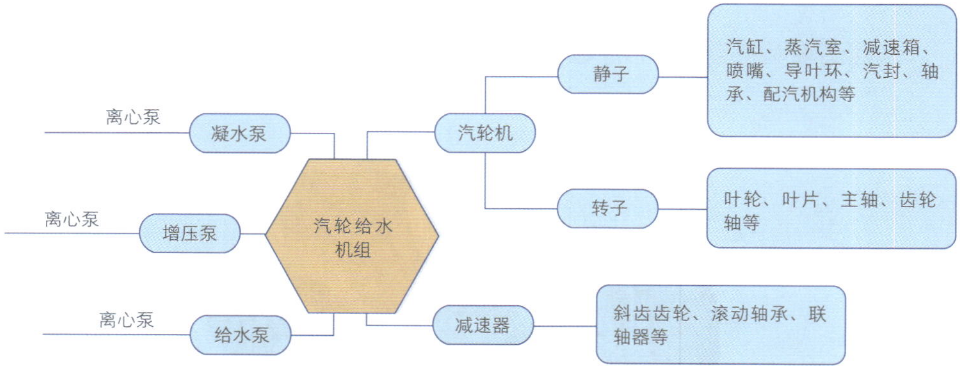

图 5-17　某型蒸汽动力船舶上的汽轮给水机组结构

离心泵是水泵中应用得最多的一种，汽轮给水机组中的凝水泵、增压泵和给水泵都采用的是离心泵。图 5-18 是离心泵的结构简图，它主要由叶轮、蜗壳、扩大管、吸入接管和轴组成。叶轮由前后轮盘和夹于其中的叶片构成，在轮盘和叶片之间形成流道。叶轮用键固定在轴上，由原动机带着高速转动。其余的部件是固定部分，支持活动部分运转，并和吸、排水管路连接起来。

当原动机带动泵轴旋转时，吸入接管引进叶轮中的水也随着回转。水因产生离心力被甩出去，并获得一定的压力能和速度能。与此同时，叶轮中部形成部分真空。由于水源面受到大气压

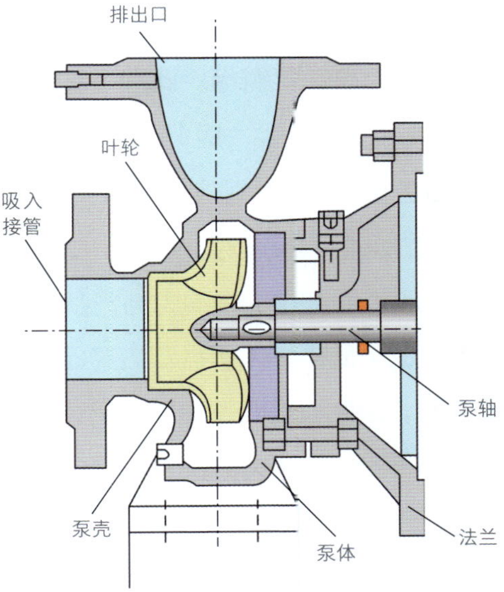

图 5-18 离心泵结构简图

离心泵在运行中有以下特点：

（1）无干吸能力。离心泵不能排除泵体和吸入管内的空气，因此无法将水吸进泵体。装在吸入水面以上的泵必须先充水，然后才能启动。

（2）吸入管漏气，泵的排量将下降。在泵正常输送液体的情况下，如果从吸入管放入一些空气，会出现泵的排出压力比正常时下降，而吸入压力比正常时升高的现象（即吸、排压差变小了），同时泵的输水量出现下降。

（3）可调节排量。当改变排出阀的开度时，可以看出泵的输水量是改变的。离心泵通过开关控制阀门来调节排量。

（4）可封闭启动。将排出阀在完全关闭的情况下启动离心泵，泵可正常运转。

力的作用，水便不断地从进水管引进叶轮的中部，这就是离心式水泵的吸水原理。水被甩出叶轮时具有较大的速度能。叶轮出口处的水速可达 50m/s 左右。但是，泵的主要作用是提高压力，应尽可能地将水的动能转化成压能。这样，排出管内的流速将大为降低，一般在排出管内的流速为 1.5～2m/s。这一降速增压的任务是在水流出叶轮以后的过程进行的。在水流出叶轮进到涡形流道的间隙中已使速度降低了一部分，接着在涡形流道中将水汇集起来，然后在扩大管中进一步降速，使这部分因流速降低所减少的动能转化成压能，保证水在泵出口达到应有的压力数值，将水经排出管送到目的处。

由离心泵的结构和工作原理可知，叶轮出口处的压力比进口处高，这就导致叶轮承受着较大的轴向力。从离心泵的使用情况来看，由于轴向力失去平衡造成叶轮磨损的案例是常见的。所以，汽轮给水机组的管理中对离心泵轴向力

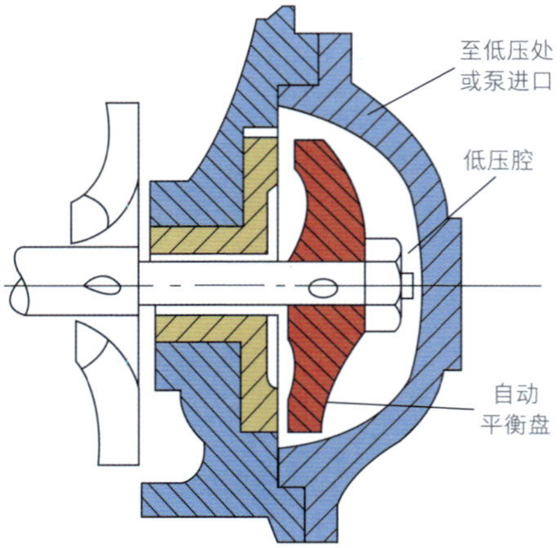

图 5-19 自动平衡盘

的平衡是不可忽视的。

离心泵可采用设置自动平衡盘的方法来平衡轴向力（汽轮给水机组中的给水泵采用的就是这种方法）。如图 5-19 所示，在最后一级叶轮后边轴端上装一圆盘，称为自动平衡盘。此圆盘左边是高压腔，它和最后一级叶轮背部相连通；右边是低压腔，它与小管道泵（或压力低的水柜）相连通。这样，由平衡盘两边压差而产生的轴向力与施加在叶轮上的轴向力相反，从而达到平衡轴向力的目的。此外，平衡盘左边高压腔的压力是随着平衡盘左侧轴向间隙减小而增大的。因此，当叶轮轴向力增大时，使叶轮和平衡盘稍向左移，轴向间隙变小，于是高压腔压力升高，使平衡盘轴向力增大到与叶轮轴向力完全平衡为止；相反，当叶轮轴向力变小时，平衡盘轴向力暂时大于叶轮轴向力，使平衡盘稍向右移，轴向间隙变大，高压腔压力降低，最后平衡盘的轴向力自动降低到与叶轮轴向力完全平衡为止，这就是自动平衡盘的工作原理。

知识拓展

离心泵在工作时，由于结构设计不合理、吸入口压力过低或输送液体温度过高等原因，会发生汽蚀（空泡效应）。汽蚀会导致叶轮表面的损害，使离心泵的排量下降，严重时离心泵将不能输送液体。所以，离心泵在运行中是不允许汽蚀发生的。当发生汽蚀时，可通过以下三个措施减轻泵的汽蚀：

（1）关小排出阀门以降低排量；

（2）降低泵轴的转速；

（3）开足吸入阀，并经常清洁滤网。

5.6 除氧器——给水除氧防腐蚀

凝水从处于负压状态下的冷凝器流出时，密闭不严密处会有空气漏入冷凝器中进而溶解于凝水中，加之凝补水中也含有一定量的空气，虽然有射汽抽气器不断地抽出空气，但是凝水中仍含有少量氧气和其他气体。氧气会导致锅炉设备及热力系统金属表面产生腐蚀，这种腐蚀经常是局部的，严重时会造成金属壁穿孔，大大降低机组的经济性和安全性。

为了减少腐蚀，主要的方法是减少锅炉给水中的溶解氧。船舶蒸汽动力装置中常采用的给水除氧器为热力喷雾 - 填料型，属于直接接触式换热器。如图 5-20 所示，凝水进入除氧器后，首先流经组装在除氧器顶部的逸汽冷凝器中的冷凝管组，并在其中被预热。之后经机械旋转式给水喷雾阀雾化成细小的水滴，与上升的蒸汽直接接触加热，获得初步除氧。经初步除氧后的给水继续向下流入填料层，并在填料层的表面形成水膜，被安装在填料层下方的蒸汽喷散装置喷出的蒸汽再次加热除氧，最后流入储水箱。释放出的不凝性气体夹带着少量蒸汽向上经过逸汽冷凝器，冷凝回收部分夹带蒸汽，其余气体经逸汽出口排出器外。给水除氧器的工作流程如图 5-21 所示。

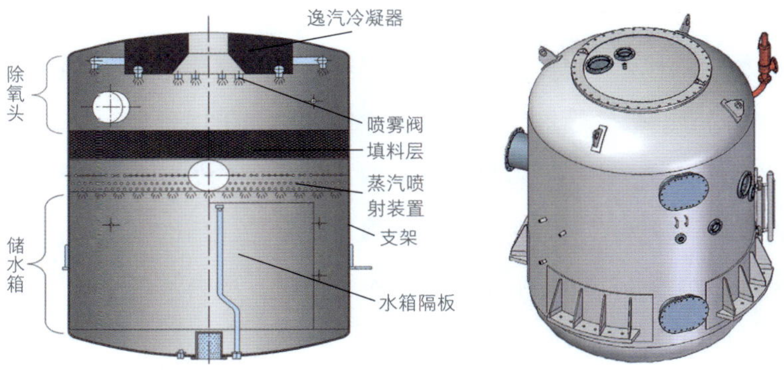

图 5-20　除氧器结构示意

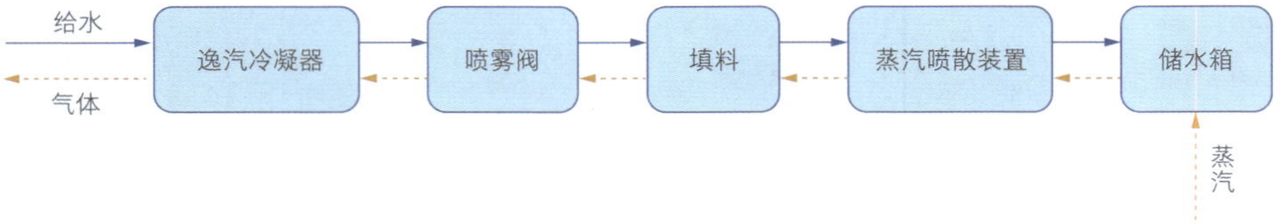

图 5-21 给水除氧器的工作流程

热力喷雾式除氧器（见图 5-22）采用热力除氧的方法，即用蒸汽来加热给水，蒸汽由下而上流动以加热水滴，使水面上蒸汽的分压力逐步增加，而溶解气体的分压力则渐渐降低，溶解于水中的气体就不断地逸出。当水被加热至相应压力下的沸腾温度时，水面上全部是水蒸气，溶解气体的分压力为零，水不再具有溶解气体的能力。亦即溶解于水中的气体，包括氧气均可被除去，被除去的氧气和其他气体由热力喷雾式除氧器的顶部排气管排出。

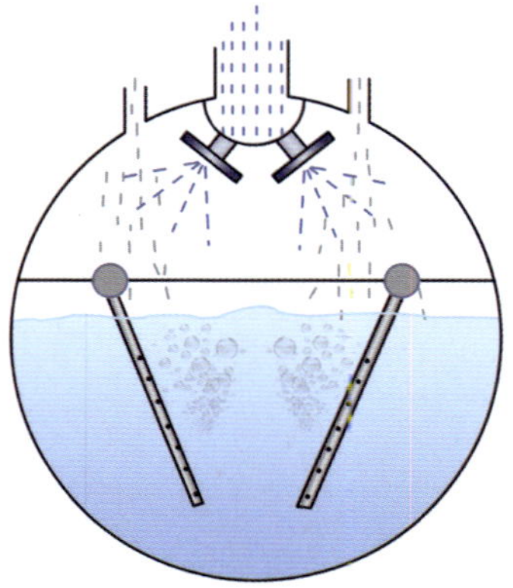

图 5-22 热力喷雾式除氧器横截面简图

热力喷雾式除氧器除氧的效果一方面取决于热力除氧器能否把水加温至相应压力下的沸腾温度，另一方面取决于溶解气体的排出速度，这个速度与水和蒸汽接触面积的大小有很大的关系。采用喷雾加填料的方式，水流过喷嘴被播散成雾状下降，与上升的蒸汽流相遇，水雾化后的结果是大大增加了水和加热蒸汽的热交换面积，强化了汽 - 水传热和传质的效果，雾化的水滴继续流经无规则堆放的填料层时，受到蒸汽的进一步加热，水被迅速加热，溶解于其中的气体的排出速度也更快。因此，虽然水在除氧器中停留的时间很短，但除氧效果较彻底。热力喷雾 – 填料型的除氧器具有下述优点：

（1）由于传热过程迅速而充分，在相同的体积条件下，热力喷雾 - 填料型除氧器有较大的出力（出力指除氧器在单位运行时间内输出符合规定溶解氧含量的给水量），或者在具有相同的出力时，热力喷雾 - 填料型除氧器的体积更小，质量更轻；

（2）除氧器的出力可以在很大范围内变动，除氧效果仍然保持稳定；

（3）由于强烈的汽－水热交换，除氧器进水温度可较低，例如水温 25℃时，仍能保证除氧后水中的含氧量符合要求；

（4）从启动到正常运行的时间较短。

知识速递

热力除氧是以道尔顿分压定律和亨利定律为理论基础的。

1. 道尔顿分压定律

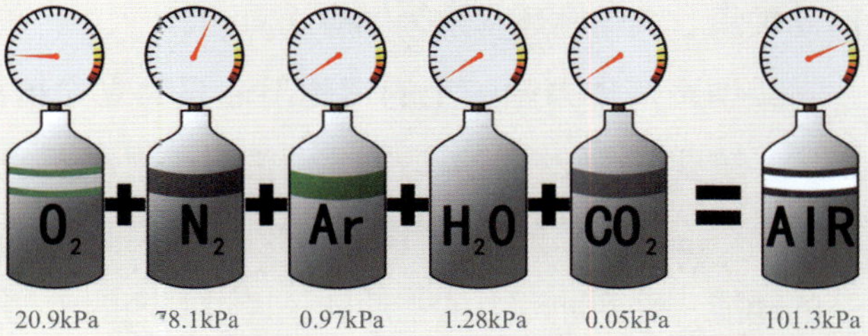

图 5-23　大气压的组成

如图 5-23 所示，混合气体的全压力等于各组成气体的分压力之和。在除氧器中，水面上的蒸汽量不断增加，蒸汽的分压力逐渐升高，相应地水面上其他气体的分压力就不断降低。当水被加热到除氧器压力下对应的饱和温度时，水大量蒸发，水蒸气的分压力就会接近水面上的全压力。随着气体的不断排出，水面上其他气体的分压力将趋近于零，于是水中的气体会从水中逸出而被除去。

2. 亨利定律

在一定温度下，当溶于水中的气体与水中离析的其他气体处于平衡状态时，单位体积水中溶解的气体量和水面上该气体的分压力呈正比。某气体在平衡状态时的分压力称为平衡压力。如果水面上某气体的分压力小于水中溶解气体所对应的平衡压力，则该气体就会在不平衡压差的作用下，自水中离析出来，直至达到新的平衡为止。如果能从水面上完全清除气体，使气体的实际分压力为零，就可以把气体从水中完全除去。

5.7 汽轮滑油泵——机组润滑全靠它

船舶汽轮机组在运转中，需要不断地向各运动机构提供一定黏度的润滑油，保证各运动机构的摩擦表面得到良好的润滑，并带走多余的热量。润滑的好坏直接决定汽轮机组的安全、性能和寿命，可以说润滑油对于汽轮机组犹如血液对于人体一样重要。蒸汽动力船舶一般采用汽轮滑油泵为汽轮机组、主齿轮减速器、滑动轴承、汽轮循环水泵等供应润滑油。

某型蒸汽动力船舶上的汽轮滑油泵为立式结构，如图 5-24 所示，主要由汽轮机、减速器、滑油泵和附件等组成。来自锅炉的新蒸汽沿通流部分冲击叶轮上的叶片，将蒸汽的热能转化为转子的动能，受到冲动力的主动转子通过减速器传动齿轮副带动从动转子。从动转子与滑油泵泵轴用联轴器相连，驱动滑油泵旋转。滑油泵将油箱中润滑油抽出并加压后，泵送到润滑油总管中，满足汽轮机组的需要。

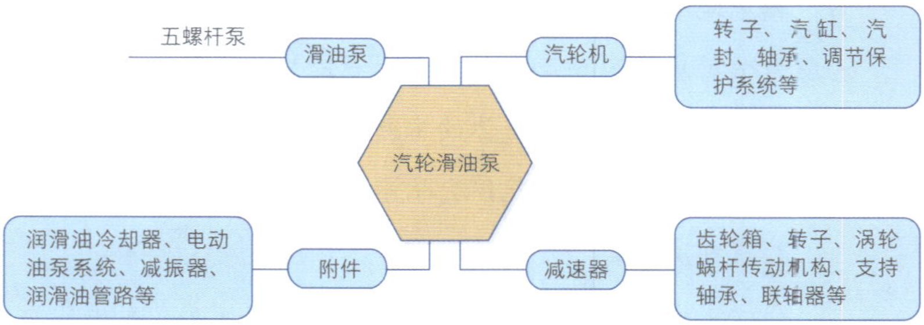

图 5-24　某型蒸汽动力船舶上的汽轮滑油泵结构

当螺杆泵按图 5-25 中所示的方向转动时，下端的螺牙不断从咬合着的螺谷中“拔出”，吸入空间容积增大而压力降低，油液就经吸入流道被吸入，充满在螺谷的空间里。由于主螺杆上的相邻螺谷之间是互相连通的，所以这些互相连通的螺谷空间逐渐被油液充满，这是吸入过程。等到这些原来吸油的螺谷空间被下

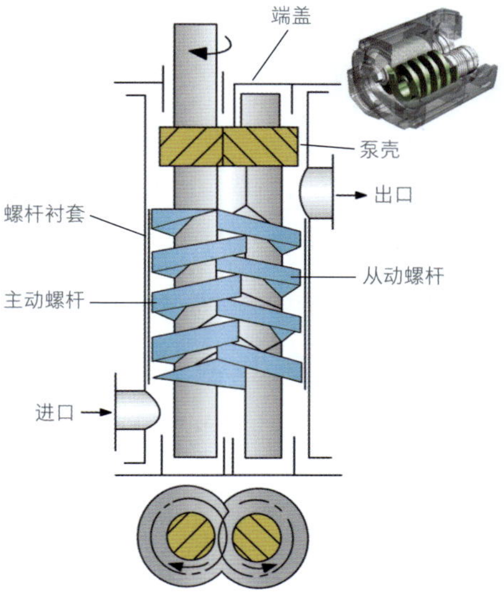

图 5-25　螺杆泵简图

汽轮滑油泵中的油泵是螺杆泵，螺杆泵是以回转运动形成泵容积的变化来使液体增能从而吸、排液体的，也称为容变式泵。

图 5-25 所示的螺杆泵主要由泵壳、端盖、装在泵壳内相互咬合的螺杆、传动齿轮及螺杆衬套组成。左边的主动螺杆由原动机带动，再通过主螺杆以及传动齿轮带动副螺杆。油液进口在下面，出口在上面。

面的另一对咬合螺牙隔开时，这些互相沟通的螺谷容积自成一个封闭的液流回环。这时，封闭液流回环的容积就不再变化，只是推着油液做轴向移动，这是传递过程。等到液流回环容积和排出空间接通时，由于螺谷空间容积变小使油液受到挤压，于是排出空间油压升高，从排出口压出油液。由此可见，液体在螺杆泵中是随着螺杆的回转运动做轴向移动的。

螺杆泵具有容变式泵的一般性能特点：

（1）螺杆泵排量的主要影响因素是螺杆尺寸、转速和漏泄。小排量的螺杆泵用两螺杆就行，排量大时用三螺杆或五螺杆。在使用中特别要注意漏泄问题，必须保持螺杆泵的密封性，螺杆和螺杆衬套表面要完好，装配时要保持规定的间隙，防止干转，随时保证良好润滑。

（2）螺杆泵不允许封闭启动和封闭工作，所以工作中排出阀一定要开满，并安装有安全旁通阀，排出口压力不得超过额定压力。螺杆泵多采用改变转速的方法来调节排量。

（3）螺杆泵具有干吸能力。但考虑到要求随时保证润滑以防止磨损，不允许其干转，泵停车后要能存留油液。维修后第一次启动前，泵内要充油。

（4）螺杆泵也会发生汽蚀问题。可能发生汽蚀的地点在螺谷容积变大处。

油泵发生汽蚀后油液充不满螺谷，使排量降低。汽蚀原因和离心泵汽蚀一样，是由于油温过高或吸入压力过低。在管理中应注意使吸入阀开足、经常清洁滤网、转速不能过高（因转速高，排量大，流动损失大，压力降低得多；而且由于容积变化快，油来不及充满螺谷，压力更低）。

（5）螺杆泵因吸入和排出空间的压差作用，必然形成轴向力，会造成机械磨损甚至影响泵的可靠工作。因此，螺杆泵必须有平衡轴向力的措施。

（6）螺杆泵不允许反转。若螺杆反转，不但吸、排方向会反，而且螺杆受力侧面和不受力侧面也会反，导致螺牙磨损引起严重后果。

知识速递

润滑油常用质量指标

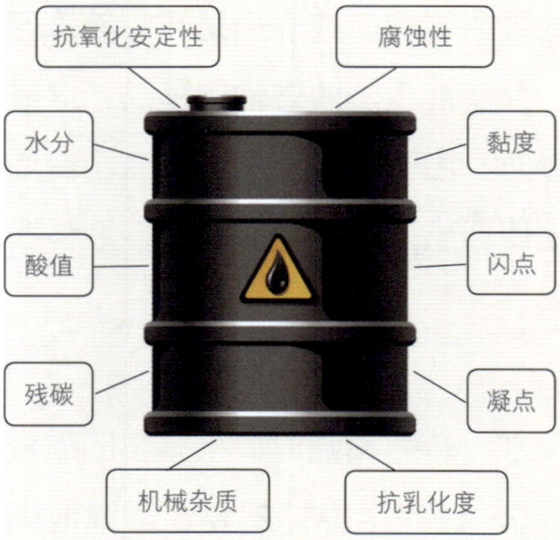

黏度是润滑油的重要指标。理论上讲，当润滑油黏度大时，机轴转动带入轴承间隙的油量就多，油楔中的压力高，容易保证轴承的油膜润滑。但是，在保证液体润滑的前提下，如果润滑油的黏度过大，油层之间的摩擦力增大，使机械效率降低，发热量增大。同时，由于黏度过大，润滑油流动不畅，易造成油量不足，使轴承润滑条件不良。润滑油黏度过小，油膜承载能力降低，润滑油容易由轴承间隙排出，甚至不能形成稳定的油膜。因此，应使用规定牌号的润滑油。如果必须选用代用润滑油时，只能用黏度较大的润滑油代替黏度较小的润滑油。因为黏度较大的润滑油，随着轴承工作时发热量的增大，油温会升高，而润滑油黏度是随温度变化的。当油温升高时，润滑油黏度会变小，能起到一定的自动调节作用。

那么，如果用黏度较小的润滑油代替黏度较大的润滑油，会出现什么问题呢？

第 5 章　思维导图

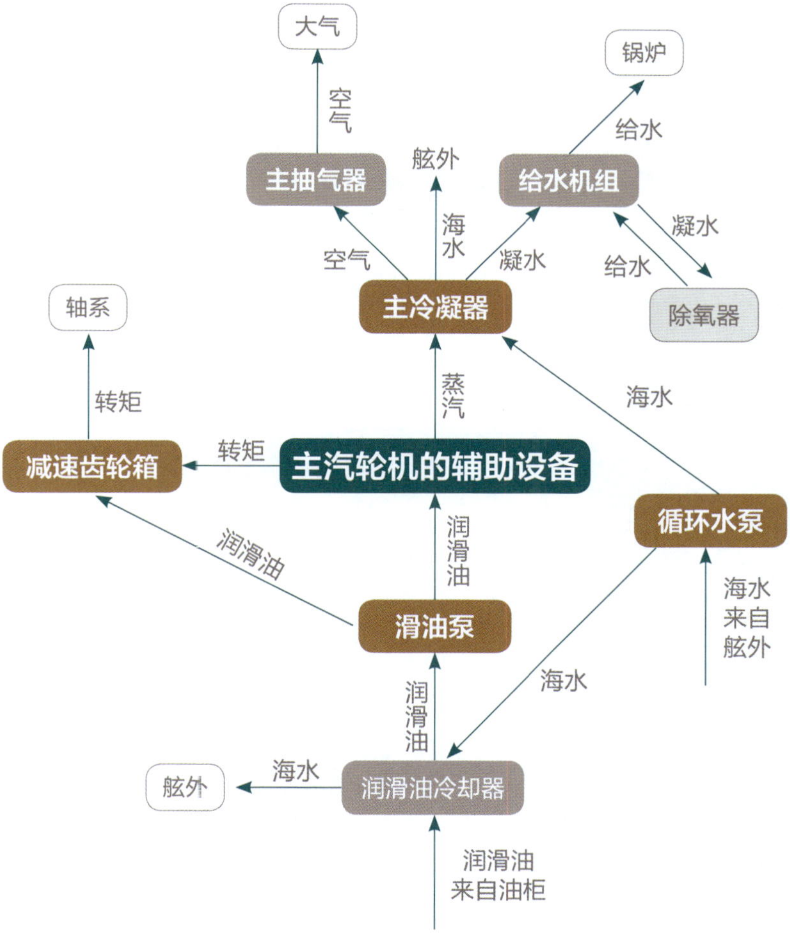

大气
空气
锅炉
给水
舷外
主抽气器
给水机组
海水
凝水
空气
凝水
给水
轴系
主冷凝器
除氧器
蒸汽
海水
转矩
转矩
减速齿轮箱
主汽轮机的辅助设备
循环水泵
润滑油
润滑油
海水来自舷外
滑油泵
海水
润滑油
舷外
海水
润滑油冷却器
润滑油来自油柜

第6章 汽轮机的运行管理

汽轮机的运行所涉及的问题非常广泛，就运行工况来说，有启动、停机、倒车、变负荷运行、正常运行等。此外，汽轮机设备的故障检修和特殊情况处置等也属于运行管理的工作内容。汽轮机的运行操作规程遵循一般的原则和规律，运行人员必须掌握其原则和规律，确保汽轮机安全、经济地运行。

6.1 为什么说启动是汽轮机运行中最重要的阶段？

在汽轮机启动、停机和负荷变化过程中，各金属部件温度都将发生变化，尤其在启动过程中，汽轮机各金属部件的温度变化最为剧烈，多数故障都是发生在启动阶段。

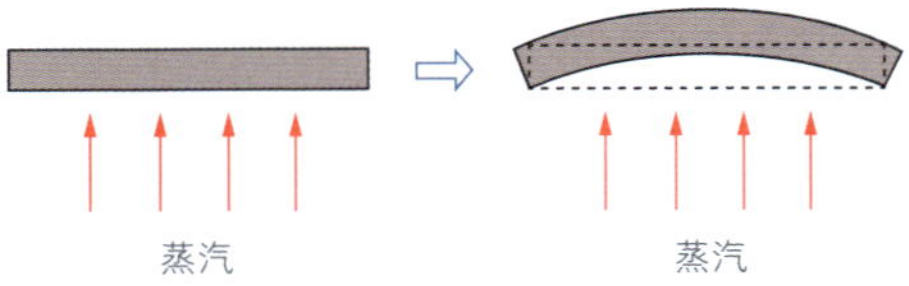

例如高参数汽轮机组在冷态启动时，其进汽部分的金属温度将由室温升高到 500℃以上。由于各部件的受热条件不同，它们被加热的情况也不同，从而使汽轮机各金属部件形成温度梯度，产生热应力和热变形。

当热应力和热变形过大，超过金属部件的允许范围时，这些金属部件将产生永久变形甚至造成更严重的损坏。为了保证汽轮机启动的安全，运行管理人员必须了解并掌握汽轮机在启动过程中的受热情况。

当汽轮机冷态启动时，温度较高的蒸汽与冷的汽缸内壁接触，这时蒸汽的热量主要以凝结放热形式传给金属壁面。由于凝结放热的表面传热系数很高，汽缸内壁温度很快上升到该蒸汽压力下的饱和温度。当汽缸内壁的金属温度高于该蒸汽压力下的饱和温度时，蒸汽的凝结放热阶段结束，此后蒸汽主要是以对流换热形式向金属传热。蒸汽的对流表面传热系数远小于凝结表面传热系数，且是不稳定的，其大小取决于蒸汽的流速和比体积（随压力和温度而改变）。

对流表面传热系数直接影响到汽缸内外壁温差，表面传热系数大时，蒸汽传给汽缸内壁的热量大；反之传热量小。传热量过大将加剧汽缸内壁单向受热的不均匀性，使汽缸内外壁温差增大。因此在启动过程中，应通过改变蒸汽的压力、温度、流量和流速等办法来控制蒸汽对金属的放热量。

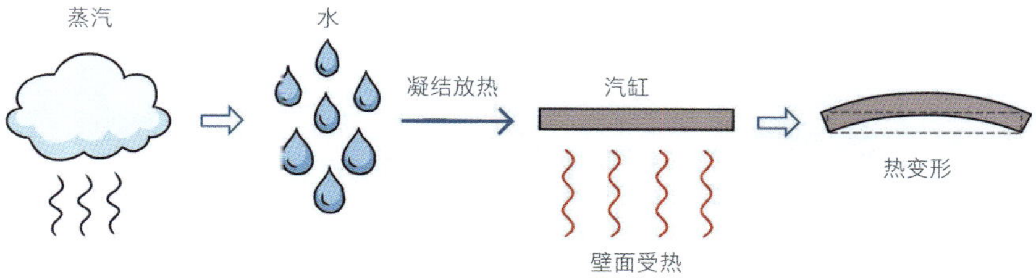

汽轮机金属本身的传热过程是热传导。由于热量在金属内部的传导需要一定的时间，因此，在金属中不可避免地会形成温差。例如，加热蒸汽接触汽缸内壁时，热量首先传给内壁表面，外壁的热量是由内壁通过金属热传导而获得的。由于汽缸内外壁之间存在热阻，因此内壁温度高于外壁温度而形成温差。对于汽轮机的转子，虽然其受热条件比汽缸好些，它的外周面和叶轮两侧均能与蒸汽接触，但转子中心的热量仍然是由它的外周以热传导的方式传递的。因此，转子沿半径方向也会出现温度梯度。

在汽轮机启动、停机或负荷变化过程中，其零部件由于温度变化而产生膨胀或收缩变形，称为热变形。当热变形受到某种约束时，则要在零部件内产生热应力。现以金属直杆为例，分析热应力的情况。图 6-1（a）表示一端固定、一端自由的金属杆件，温度为 t_0 时它的长度为 L_0；当杆件整体加热到 t_1 时，它膨胀伸长到 $L_0+\Delta L$，如图 6-1（b）所示。如果用千斤顶将此受热的金属杆件压缩，使它缩短 ΔL，这就相当于图 6-1（c）中所示的两端都固定不允许杆件自由膨胀时的情况。应该指出，当温度变化时，若杆件各点的温度分布均匀，且变形不受任何约束，则杆件只产生热变形而不产生热应力。如图 6-1（c）所示，当此变形受到约束时，则在杆件内产生热应力。

当杆件的温度变化不均匀时，即使没有外界约束条件，也将产生热应力。如图 6-1（d）中所示，对杆件的上侧加热而对其下侧冷却，则杆件的上侧温度高于下侧，在其内部产生了温差。这将引起杆件内部膨胀、收缩不一致，即

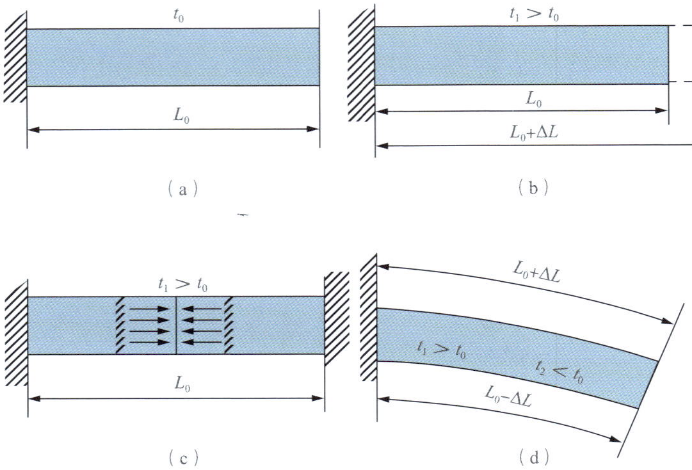

图 6-1 不同情况下金属棒内热应力示意

温度低的部分阻止温度高的部分膨胀，而温度高的部分则阻止温度低的部分收缩。因此，温度高的部分将产生热压应力，而温度低的部分则产生热拉应力。这是由于温差的存在，在物体内部产生了热应力。汽轮机中的热应力大多是因此而引起的。

汽轮机在起停或变负荷运行时，接触汽缸、转子的蒸汽温度发生变化会引起汽缸、转子温度的变化，因此，汽缸、转子等零部件内部都存在温差，使这些零部件内产生热变形和热应力。

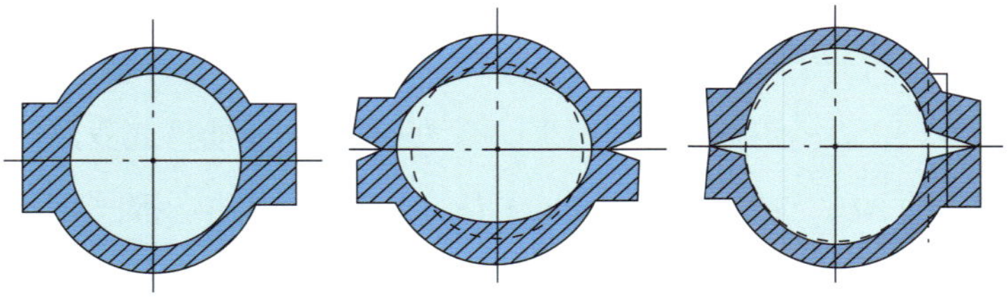

（a）变形前 （b）前后两端变形 （c）中间段变形

图 6-2 法兰内壁温度高于外壁温度时的热变形情况

如图 6-2 所示，汽缸中分面处的连接法兰也会出现热弯曲现象，产生中间向内拱、两端向外扩张的弓形变形。这种变形使汽缸横截面的形状也发生变化。前后两端的横截面变成扁椭圆形，中部的横截面变成立椭圆形。

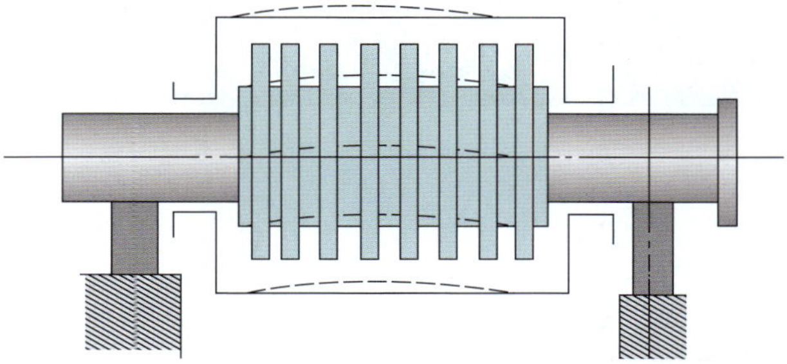

图 6-3　上下汽缸温差引起的汽缸热翘曲变形

在汽轮机启动和停机过程中，上下汽缸间存在温差。通常上缸温度高于下缸，因而上缸膨胀比下缸膨胀大，会造成图 6-3 中所示的拱起变形，使下缸底部的径向间隙减小。

由于汽轮机上部温度高于下部，转子会产生向上的热弯曲变形。

知识重点

综上可知，热应力就是当物体温度变化时，它的热变形受到其他物体约束，或者受到物体内部之间的相互约束所产生的应力。热应力的变化规律是温度高的一侧产生热压应力，温度低的一侧产生热拉应力。

6.2 汽轮机启动前为什么要进行暖机？

暖机的目的是使汽轮机各金属部件得到充分的预热，减少汽缸法兰内外壁、法兰和螺栓、转子表面和中心的温差，从而减少金属内部的应力，使汽缸、法兰和转子均匀膨胀。

汽轮机差胀值（因汽缸与转子质量上的差异，受热条件也不相同，转子的膨胀及收缩较汽缸快，转子与汽缸沿轴向膨胀的差值，称为差胀值）在安全范围内变化，保证汽轮机内部的动静间隙不致消失而发生摩擦，同时使带负荷的速度相应加快，缩短带至满负荷所需要的时间，达到节约能源的目的。

简言之，暖机过程就是蒸汽对汽轮机加热，使它接近工作状态的过程。因此在讨论暖机问题之前有必要首先研究一下蒸汽与汽轮机部件之间的热交换。

蒸汽加热金属的特点是凝结放热。一定压力下的蒸汽接触金属表面时，如果金属壁的温度低于该压力下蒸汽的饱和温度，蒸汽将在金属壁上凝结，放出汽化潜热。因此暖机开始时，蒸汽的热量主要以凝结放热的方式传给汽轮机部件的金属壁。这时的传热温差可大致看成是蒸汽的饱和温度与金属壁面温度之差。蒸汽凝结放热的表面传热系数很高，且随蒸汽压力的升高而增大。由于凝结放热的表面传热系数很大，开始暖机时金属壁被迅速加热，壁面温度很快升高到蒸汽在该压力下的饱和温度。例如蒸汽压力为 0.5MPa 时，它的饱和温度为 151.11℃；蒸汽压力为

1MPa 时，它的饱和温度为 179.04℃。在金属壁面被单向加热的情况下，蒸汽的压力、温度过高，蒸汽量过大，都将使壁面两侧造成很大温差，从而产生过大的热变形、热应力和相对膨胀。

凝结放热开始后，在金属壁面上形成一层水膜，水膜会使蒸汽对壁面的表面传热系数减小，使金属壁面被加热的剧烈程度有所减轻。当金属壁面温度达到蒸汽在该压力下的饱和温度以后，蒸汽凝结放热阶段终结，转入以对流为主的换热过程。

金属壁本身的换热过程是导热过程。

如上所述，暖机过程中，汽轮机各部分不可避免地会产生热变形、热应力和相对膨胀。暖机时机动性与可靠性的保证，在于把热变形、热应力和相对膨胀限制在允许的安全范围之内。这可以通过控制暖机速度来实现。因此，暖机过程的主要矛盾是暖机速度与汽轮机各部分的热变形、热应力和相对膨胀之间的矛盾。只有当暖机速度过快，热变形、热应力和相对膨胀超过允许限度时，才会发生不可靠的情况。

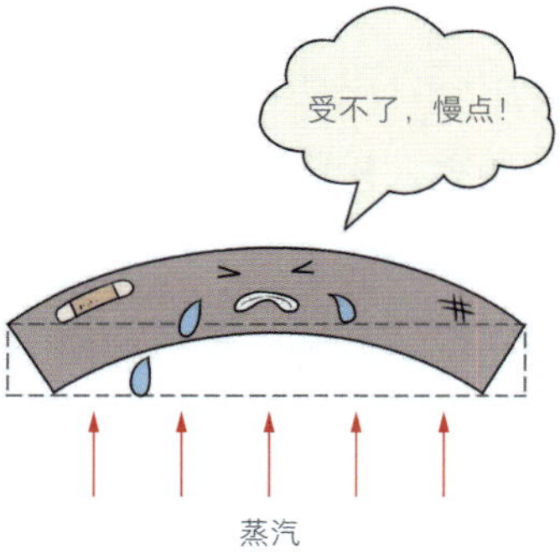

暖机速度具体表现为暖机蒸汽与被暖部件之间的温度差，它取决于暖机蒸汽的参数和蒸汽量。提高蒸汽的压力和温度，增大暖机蒸汽与被暖部件之间的温度差，即可提高暖机速度；反之，降低暖机蒸汽的压力和温度，减小暖机蒸汽与被暖部件之间的温度差，则使暖机速度减慢。要想在保证可靠的前提下提高暖机时的机动性，必须把这个温度差控制在允许范围之内。暖机蒸汽与金属壁面的温差与汽缸内外壁的温差呈正比，而与壁的厚度呈反比。内外壁的允许温差越大，暖机蒸汽与金属壁面的允许温差也越大；金属壁越厚，暖机蒸汽与金属壁面的允许温差就越小。

对于定型的汽轮机，它的结构和材料已经固定，允许温差是一个定值。只有通过控制暖机蒸汽温度，使其不超过安全允许范围。船舶汽轮机组常采用变参数启动的办法，即启动时用低参数蒸汽，随着负荷的增大逐渐提高蒸汽参数，使温差不超过允许范围。船舶汽轮机组的一般暖机程序如下所示：

暖机前准备步骤如下：

（1）检查和备便下列系统：①主机监控系统；②润滑油系统；③循环水系统；④冷却水系统；⑤凝给水系统；⑥蒸汽系统。

（2）测量汽轮机转子轴向和径向间隙。

（3）检查冷凝器和除氧器中水位。

（4）启动主减速器盘车装置。

（5）检查速关阀、喷嘴阀、旁通阀和倒车阀是否开闭灵活，检查完毕后关闭。

暖机步骤如下：

（1）启动给水机组，保持冷凝器和除氧器水位正常。

（2）射汽抽气器供冷却水后，启动射汽抽气器。

（3）提高冷凝器真空至最大，检查真空系统密封性，主机开始暖机。

（4）检查汽轮机组连锁保护功能。

（5）检查汽轮机组润滑油系统低油压保护功能等。

暖机过程中应定期盘车，一般每5分钟左右正、倒车交替盘车1~2分钟，并将转子停在新的位置上，以加速转子温度的均匀化，防止热弯曲过大。

由于盘车转速低，轴承润滑条件不良，连续盘车将加速轴承磨损。同时，暖机过程中应注意疏水，疏水不良会影响传热，并使汽缸上下温差过大。

当高、低压汽缸温度达到 70℃ 左右时，暖机可结束。

知识速递

当船舶有紧急任务时，要求汽轮机组迅速启动，必须加快备航的进程，在保证安全可靠的前提下，加快汽轮机组由冷态到热态和由静态到动态的过渡。暖机过程的主要矛盾是暖机速度与热变形、热应力和相对膨胀之间的矛盾。把暖机蒸汽与被暖机件之间的温度差控制在允许范围以内，是保证汽轮机组可靠地由冷态到热态转化的条件。如果在暖机过程中，加速机件温度的均匀化，就既能加快暖机速度，又能保证安全可靠。

6.3 汽轮机试车应该如何组织？

某型蒸汽动力船舶试车（见图 6-4）前应暖热蒸汽管系、速关阀、倒车阀和喷嘴阀，并注意疏水，防止试车时凝水与工作蒸汽一起进入汽轮机。同时，必须将盘车装置脱开，以免造成损坏事故。只有在确认盘车装置脱开之后才能将冷凝器真空提高到 0.091～0.096MPa。

暖机结束后，应按规定步骤进行试车。试车的目的在于检查暖机质量，判断汽轮机能否由静止状态过渡到运转状态。

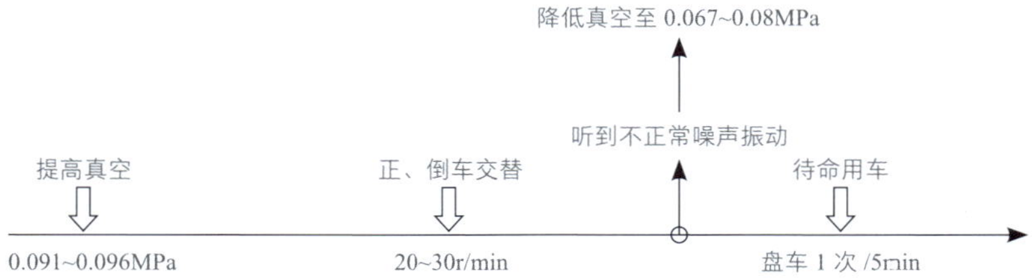

图 6-4 汽轮机暖机试车流程简图

试车时应正、倒车交替进行数次，转数为 20～30r/min。要注意汽轮机开始转动时的蒸汽压力：正转时第一组喷嘴前的蒸汽压力不应超过 1.5MPa；倒转时蒸汽压力不应超过 0.5MPa。达到上述压力时汽轮机不转动，说明机内或轴系阻力增大，应停止试转，查明原因，排除故障。可能的原因是暖机不充分使动静部分相碰，或疏水不好使机内积水过多等。

试车过程中应仔细倾听汽轮机、减速器的声音，发现不正常的噪声或振动时，应停止试转，降低真空（一般降到 0.067～0.08MPa），接上盘车装置进行盘车。如果是由于暖热不均造成转子热弯曲过大，经过一段时间盘车后（10～15 分钟），上述故障可能消除，这时方可重新试车。

暖机结束后，如果在5分钟内尚未得到启动命令，应每隔5分钟正、倒车盘车1次，这时真空保持在0.080～0.089MPa。

试车后启动汽轮机的升速仍应受到限制。因暖机时蒸汽量少、参数低，如果升速过快，由于蒸汽量骤然增大，蒸汽压力、温度迅速提高，将使汽轮机的热变形、热应力和相对膨胀过大而造成不良后果。为了达到进一步暖机的目的，对正常启动时的升速有以下规定：

（1）将转速升高到200r/min（螺旋桨转速，下同），可不受时间限制，但必须在100～200r/min间的任一转速下稳定运转20分钟。汽轮机陆上负荷试验后建议稳定在190r/min，因为在这个转速下高压汽缸法兰内外壁的温差已达到最大，稳定运行一段时间后再进行升速，能保证可靠运行。

（2）在200～250r/min之间稳定运行15分钟后，再升高到全速，即360r/min，可不受限制。

某型汽轮机组试车程序如下：

（1）接到“准备试车”指令后，主机班长组织做好下列准备工作：

1）调整射气抽汽器进汽压力，提高冷凝器真空至最大。

2）打开调车机构、汽轮机疏水阀。

3）将汽轮机监控界面切换到试车界面。

（2）部门工程师到场了解、检查试车准备情况：

1）电动盘车时确认主机、主减速器应当无杂声。

2）主机班长和主机操纵手（或润滑油系统更）听令缓慢打开调车机构供汽阀，蒸汽平稳进入调车机构，1～2分钟后，再继续缓慢打开调车机构供汽阀，待调车机构压力与蒸汽管路压力一致时，完全打开调车机构供汽阀。

警告：严禁过快开启调车机构供汽阀，防止蒸汽对调车机构产生过大冲击力和造成过大热应力。

（3）在部门工程师组织指挥下，主机组进行试车，分工如下：

1）部门工程师负责检查高、低压汽轮机和主减速器运行情况。

2）主机班长负责检查主推力轴承和轴系运行情况。

3）润滑油系统更负责观察、报告主机转动及停止情况。

4）主机操纵手根据指令操纵主机进行正、倒车试车，并严密监视正车和倒车控制脉冲油压、试车转速及喷嘴阀、倒车阀蒸汽压力。

（4）试车人员按分工就位后完成：

1）试车时，主机操纵手应当注意观察数字转速表与主机监控系统显示的转速是否一致。

2）试车时，若出现振动或异常声音，经 3 次启动主机仍不转动时，应当停止试车，查明原因，排除故障。

3）必要时，润滑油温度为 10℃ 时可以试车，温度为 15℃ 时主机可低速运行。

4）试车完毕后，主机转入蒸汽盘车，每 5 分钟盘车 1 次，每次 2～3 分钟，转速 10～15r/min。

知识速递

汽轮机组在试车结束或临时停车以后，根据任务的需要，船舶有时并不立即启航，而是需要汽轮机组能随时启动或在指定时间内投入运转。这时，汽轮机组必须保持热状态，保证船舶能按时行动。汽轮机组保持热状态，就是使汽轮机组保持一定程度的暖热状态，防止冷却过快或冷却不均引起过大的变形。汽轮机组保持热状态一般可分为保持随时准备状态和保持 1 小时准备状态两种。

（1）保持随时准备状态：要求汽轮机组能立即投入工作，因此所有辅助设备应保持低速运转。

（2）保持 1 小时准备状态：保持 1 小时准备状态的方法和暖机相似，各辅助设备处于低速运转状态。每隔 10 分钟用盘车装置正、倒车交替转动汽轮机约 2 分钟，并停在新的位置上。

6.4 冷凝器真空无法保持怎么办?

冷凝器是船舶汽轮机组的一个重要组成部分，对整个蒸汽动力装置汽水循环来说，它起到冷源的作用，用于冷凝由主汽轮机和辅助汽轮机排出的乏汽。冷凝器的工作性能直接影响整个汽轮机组的安全性、可靠性、稳定性和经济性。

保持冷凝器内的真空很重要，需要满足以下几点：

（1）必须使冷凝器凝汽管具有一定的冷却面积，并通过一定量的冷却水来实现剩余蒸汽的放热冷凝；

（2）凝水泵必须连续泵出凝水，以免水位上升影响剩余蒸汽冷凝；

（3）泄漏的空气和其他气体必须使用射汽抽气器将其抽出，最大限度地避免外界过多的空气漏入。

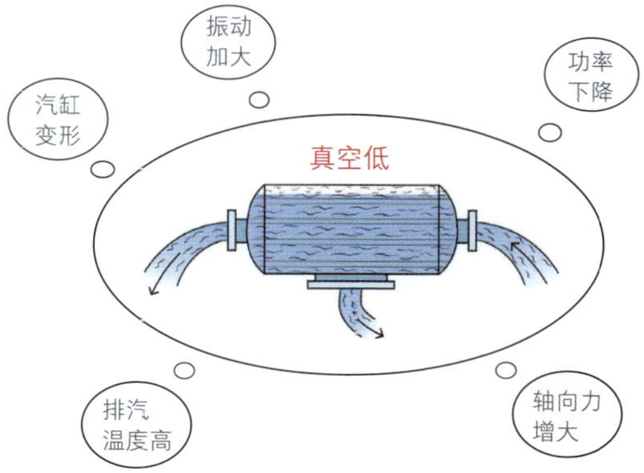

冷凝器真空无法保持将使主机发不出额定功率，这种情况下要想发出额定功率就要增加进汽量，这样同时会导致轴向力的增加；真空过低还将破坏机组的工作可靠性。

冷凝器真空过低会使冷凝器及主机排汽部分温度过高，引起它们过大的热变形，从而引起转子的振动，破坏冷凝器的凝汽管和管板连接的水密性。

因此一般规定：真空降到 0.08MPa 时就要向上级报告；降到 0.067MPa 时，机组应降速；降到 0.053MPa 时，应紧急停机，并采取措施排除故障。

冷凝器真空无法保持的原因有以下几点。

1. 真空系统不严密

真空系统密封不严，有较小的泄漏时，外界不凝结的气体便会逐渐漏进真空的空间，最后进入到冷凝器内。如果滞留在冷凝器中的不凝结气体较多，则会严重影响其传热效果，导致真空不断地缓慢下降，当其下降到一定值时停止，并保持在该状态下，此时表明漏汽量和抽气量处于一种较为平衡的状态。下面对容易发生漏气的地点进行简要介绍，便于运行管理人员进行查找和消除：

（1）汽轮机排汽缸与冷凝器的连接管段发生变形或腐蚀穿孔造成漏气；

（2）汽缸变形，法兰结合面连接不紧，从而造成漏气；

（3）冷凝器水位表接头不紧，或与真空系统连接的其他设备或管道上的计量表连接有缺陷；

（4）真空系统的管道法兰接合面、阀门盘根等衔接不紧。

2. 冷凝器凝水水位高

当冷凝器蒸汽侧空间水位上升时，下部铜管部分被淹没，使冷凝器冷却面积减小，增加汽轮机排汽压力，即真空降低。

如果冷凝器水位上升到排气管高度，冷凝器真空就会开始下降。根据抽气口被凝结水的淹没程度，其最初时下降缓慢，然后迅速下降。此时，连接到冷凝器喉部的真空表显示下降，连接在抽气器上的真空表显示上升。如果未能采取有效措施，则抽气器的排气管会有水流流出。

冷凝器满水有两种原因：其一，凝水泵发生故障；其二，冷凝器凝汽管发生断裂，凝水水质开始恶化。

3. 冷凝器凝汽管结垢

当冷凝器中的凝汽管发生结垢现象时，其汽水换热效率会降低，冷凝器真空降低。分析其原因，可能是由于铜管上的水垢形成了一个较大的热阻，导致传热端差（指冷凝器排汽温度与冷却水出口温度的差值）增大，提高了排汽温度。对此，应定期对冷凝器凝汽管进行清洗。

4. 射汽抽气器工作不正常或效率降低

射汽抽气器工作的好坏直接影响冷凝器真空的高低，无论什么原因引起射汽抽气器压力的变化，都会使冷凝器的真空发生变化。射汽抽气器开始投入工作前，一定要检查凝给水系统，应有压力，以保证抽气器有良好的冷却，以免影响抽气效果。

5. 循环水量不足

当排汽量相同时，若冷凝器循环水出口温差增大，则表明冷凝器循环水不足。应于第一时间对汽轮循环水泵进行检查，检查循环水泵出口压力、进口水位、进口过滤器是否堵塞。

6. 循环水温度上升

船舶蒸汽动力装置中循环水系统是一种开式循环，季节对其影响程度较大。尤其是在夏季，当凝汽管进口海水温度升高时，会对冷凝器的换热效果造成严重影响。如表 6-1 所示，当海水温度升高时，其吸收热量减少，蒸汽冷凝温度随之升高，冷凝温度的升高会导致排汽压力的增大，进而导致冷凝器真空的下降。海水温度越高，从冷凝器带走的蒸汽凝结放热量就越小。

表 6-1　　海水进口温度对冷凝器真空的影响

凝汽管进口海水温度 /°C	17	20	23	26	29	32
冷凝器喉部压力 /MPa	0.014	0.0148	0.0162	0.0181	0.0208	0.0223
真空 /MPa	0.086	0.0852	0.0838	0.0819	0.0792	0.0777

注：真空压力 = 绝对压力 − 大气压力（真空压力为负值，表示某点压力低于对应大气压力，也就是处于负压状态）。

知识速递

真空系统庞大，与真空有关的设备分散且复杂，在日常的管理中要做好维护保养工作，使其保持在良好的工作状态。防止冷凝器真空下降的对策如下：

1. 做好冷凝器日常维护保养

（1）结合航行检修清除管板及水室内表面上的脏物。

（2）检查与冷凝器相通的管路接头及阀门的完好性。

（3）坚持定期进行汽轮机真空的严密性试验。

2. 做好射汽抽气器日常维护保养

（1）坚持每日的机械检拭，检查其阀门应完好无卡滞现象，管路法兰无破损。

（2）结合厂修检查射汽抽气器，更换不符合技术要求的部件。

6.5 汽轮机发生振动的原因是什么？

振动是汽轮机运行中经常出现的故障之一。汽轮机在振动情况下运行，轴承受到比正常情况下大得多的冲击负荷，油膜易受到破坏，轴承接触面会产生半液体摩擦、半干摩擦甚至干摩擦，使轴承温度异常升高，严重时会烧瓦，造成动静部分相碰的严重事故。因此，管理中应十分重视对于振动的监视和处理。

引起汽轮机的振动一般有以下原因。

1. 转子弯曲度增大

动平衡达到标准的汽轮机，在运行过程中也可能产生振动。重要原因之一是转子弯曲度增大，使质量中心（重心）偏离回转中心。启动时汽轮机振动多是由于暖机不善引起的，如由于暖机未达到规定标准、未按规定盘车、暖机速度太快等原因使转子热弯曲度过大，保持热状态时未按规定盘车，使转子因冷却不均而产生过大热弯曲，以及运行过程中升速过快等，都会引起振动。

由于转子弯曲度过大所引起的振动，其特点是振动随转速的升高而加剧。处理的方法是首先降低转速直到振动消失，并在这个转速下低速运转进行暖机，然后逐步提高到所要求的转速。

处理由于升速过快引起的振动时，也应先将转速减小到振动消失，并在此转速下稳定运行一段时间（一般 5～10 分钟），再逐步提高转速，如果重新产生振动的转速比原来的转速高，说明热弯曲有所减小，可重复上述动作，直至振动消失为止。如果振动在原来转速下重新出现，说明措施无效，但主机可以在较低转速下继续工作，这时应请求降速使用。如果降低转速后振动仍不消失，反而增大，说明振动不是由于热弯曲过大引起的，可请求停机处理。当汽封间隙过小时会引起汽封动静部分相摩擦，使转子汽封处局部受热产生热弯曲，也会引起振动。这种振动的特点是汽封处发热冒烟，并有异响，发现这种情况应立即停机检查。

2. 转子重心偏移

这里主要讨论由于机械原因造成的转子重心偏移所引起的振动。

转子局部损伤，例如某处动叶、围带、拉筋等折断、脱离，并恰好落入某一空挡处而未造成严重损坏，这时转子重心会偏移。由于这种原因引起的振动，机内会出现不大的金属声和响声。动叶通流部分积垢不均匀或者动叶由于冲蚀不均匀而引起的不平衡，也可能导致振动。回转阻力周期性变化也会引起振动。如汽轮机内积水过多，转子每转动一周阻力变化一次，转到下部积水位置时阻力增大，离开这个位置阻力减小，这种情况和转子不平衡相似，也会引起转子振动，这时应尽快排除积水。当有水随蒸汽进入机内即发生“水冲击”时，也会产生振动并伴有噪声和转速下降。

转子上的套装零件如汽封套、叶轮等松动，减速器、联轴器损伤等也会由于重心发生了偏移而引起振动。

轴承、联轴器中心线不正，也会使转子重心偏移，例如安装不正或由于蒸汽管道膨胀对汽缸产生附加作用力；冷凝器真空急剧变化，以及汽缸局部受热不均等原因引起汽缸变形，以致引起轴承中心线改变。

3. 轴承方面的原因

油质不良、油温过低、黏度太小、油量不足或瞬时断油等，都会破坏支持轴承润滑油膜，使转子的位置发生变化，引起振动。

轴承间隙过大、支持轴承上盖固定不紧，使轴颈在轴瓦中产生晃动，油膜不稳定，也会使转子振动。轴颈椭圆度过大（超过 0.04 毫米），使转子周期性上升和下降，在高转速下会产生振动。推力环工作面对于轴的不垂直度过大（大于 0.03 毫米）会引起轴向振动。由于轴颈在轴瓦中位置变化和润滑条件被破坏所引起的振动，其特点是振幅不稳定并呈现随转速升高而增大的趋势。

4. 外部振动对主机的影响

轴系振动会传到主机，使汽轮机产生振动。这多是由于轴系中心线不正、螺旋桨失去平衡等原因造成的。如某型船舶在一次航行中，后甲板装载过重使船体艉部变形，引起轴系中心线变化，造成机舱的强烈振动；某船舶在浅水区航行时，螺旋桨碰礁打坏，振动通过轴系传到主机。这类振动的特点是整个艉部都振动，并随转速的升高而增强。船体、减速器、冷凝器等振动也会影响主机，特别是当主机转速与某部分的自振频率一致时，振动尤其明显。这类振动的特点和转子在临界转速时的振动相似，在某个转速下振动剧烈，离开这个转速后明显减小。

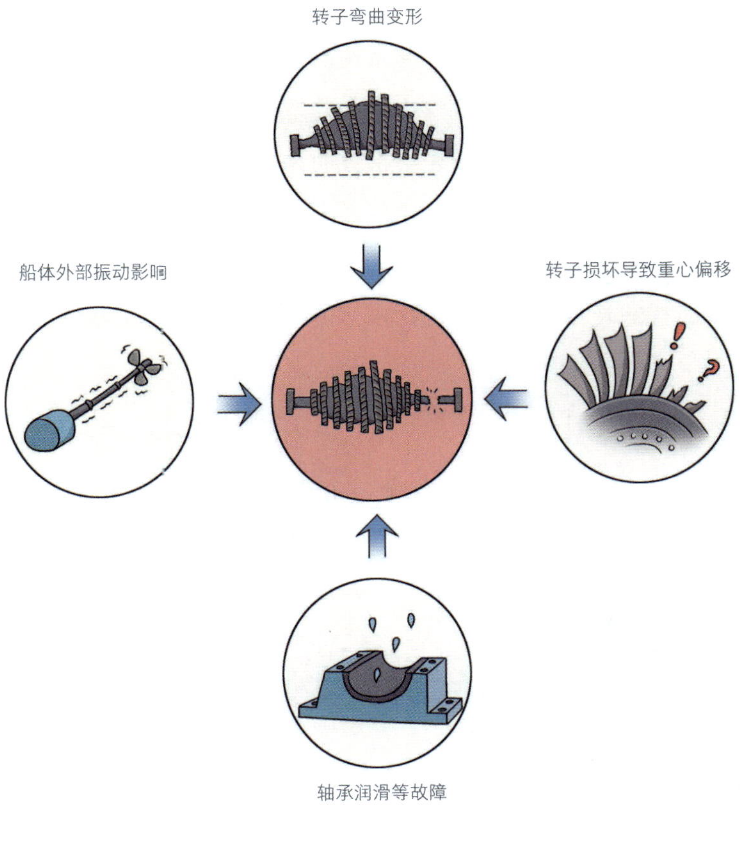

知识速递

汽轮机组的故障主要反映在振动上，振动测定由两部分组成，一是振动信号的获取，即根据具体情况选用合适的传感器，将能反映机械状态的振动信号，即某个物理量测量出来；二是故障诊断，即根据被诊断故障的性质以及所采集信号的特点，采用相应的信号处理技术，将信号中反映机械状态的特征提取出来，由此确定设备是否出现了故障、故障的类型以及故障的位置等。汽轮机的振动故障是涉及诸多方面的综合性问题，只有掌握其发生的根本原理，才能在运行实践中充分保障汽轮机组的安全。

近年来，随着传感器及计算系统的发展，描述汽轮机设备健康信息的数据量呈指数增长，这催生了大量基于人工智能数据驱动的健康监测模型。这些模型能够从复杂系统的大数据中提取物理模型中无法获取的隐藏故障特征，大大弱化了人类劳动并降低人工诊断的不确定性。随着人工智能领域的快速发展，端到端的诊断程序逐步建立，日益积累的监测数据可进一步优化评估汽轮机设备健康状态的准确性。

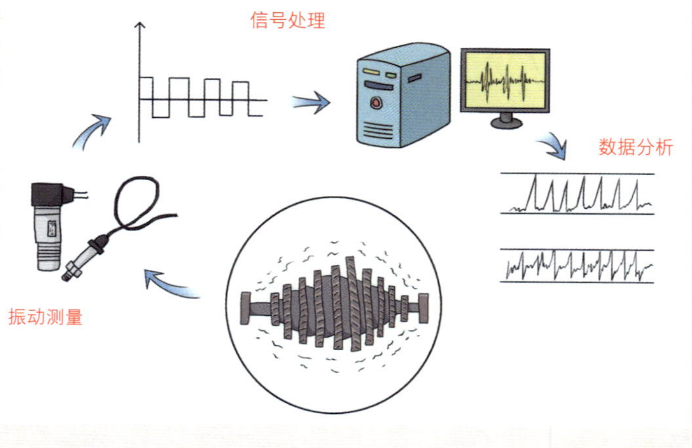

6.6 汽轮机停止使用需要完成哪些工作？

汽轮机组的停止使用要完成三种状态的过渡，即由运转状态过渡到停止状态、由热状态过渡到冷状态、由潮湿状态过渡到干燥状态。

对于汽轮机来说，由运转状态过渡到停止状态，只要停止向汽轮机供汽即可。至于各个辅助设备及其系统的停止使用，则应服从于汽轮机由热到冷和由湿到干过渡的需要。

汽轮机的停止使用过程是一个剧烈的冷却过程，这个过程中的主要问题是防止由于零部件冷却不均匀而产生过大的热应力、热变形。由热状态过渡到冷状态，就是使汽轮机温度均匀下降。

由潮湿状态过渡到干燥状态，就是使汽轮机内部逐渐干燥，防止锈蚀。

因此，汽轮机组的停止使用除去使汽轮机停止工作外，还必须解决以下几个问题：

（1）防止汽轮机转子因冷却不均而产生弯曲；

（2）彻底消除机内湿汽，使其保持干燥，防止锈蚀；

（3）防止由于机内热量外传使轴承温度过高；

（4）保证轴承和轴颈清洁，防止锈蚀。

汽轮机组停止使用后应完成以下几项工作：

1. 停机疏水

由正车停机时，关闭蒸汽导管上的闸阀，打开速关阀和疏水阀，稍开喷嘴阀使导管内的蒸汽通往冷凝器，然后将喷嘴阀和速关阀关上。由倒车停机时，关闭蒸汽闸阀后，稍开倒车调节阀，将导管内的蒸汽送往冷凝器，然后关上倒车调节阀。当主机停止后，打开所有疏水阀进行疏水。

2. 定期盘车，防止转子弯曲

当确信已切断主机进汽并停止转动以后，接上盘车装置，每隔 15 分钟盘车一次，使转子停在新的位置上。盘车时由电动滑油泵供油，停止汽轮滑油泵。盘车过程应持续到充油结束。

3. 维持真空进行疏干和冷却

在主机停止工作后的一段时间内，凝汽装置继续工作，使冷凝器保持一定真空，其作用是：

（1）彻底疏干汽轮机内的湿气，确保机内干燥，防止锈蚀；

（2）不使大量空气漏入机内，使汽封和汽缸壁发生局部急剧冷却，引起过大的热变形；

（3）通过循环水带走热量，使主机和冷凝器逐渐冷却。

疏干过程中，冷凝器真空一般维持在汽轮机装置保持随时准备状态的数值，某型船舶主机规定为 0.075～0.081MPa，这时汽轮机循环水泵保持 300～350r/min 低速运转。真空过低，疏干太慢；真空过高，汽轮机冷却速度过快，使其热变形和热应力过大。为了减少进入冷凝器的蒸汽，为主机和冷凝器的干燥创造良好条件，最好将辅助设备排出的废汽排入辅助冷凝器。

疏干时间的长短以机内彻底干燥和汽缸各处温度均匀为准。某型主机使用规程规定的疏干时间为 20 分钟。我国各海区气温相差较大，南海夏季主机停车后温度下降较慢，因此疏干时间宜适当延长（不少于 30 分钟）。原则上是当冷凝器外壳温度不再上升时，再停止汽轮循环水泵工作，同时停止射汽抽气器和汽轮给水机组的工作，关闭汽轮机疏水阀。疏干结束时，应将冷凝器中的凝水抽出，以保持机内干燥，并开动机舱抽风机，以便使汽缸温度和机舱相对湿度达到正常数值。

4. 充油和注油

停止汽轮滑油泵后，使电动滑油泵保持工作。这不仅是因为主机盘车时各轴承需要润滑，同时汽缸和转子在停机后一段时间内温度还比较高，机内的热量外传，使轴承温度升高。继续充油可以带走轴承热量，避免轴承发热。充油时间按使用规程规定为 4 小时，但可根据海区和季节情况适当增减。原则上当轴承温度低于 75℃ 时即可停止充油，但停止充油后轴承温度又升高到 75℃ 以上时，则应继续充油。充油的另一个作用是清洗轴承，使轴承保持清洁。主机停止工作后应启动净油机，使它一直工作到油中的水分完全被分离出去为止，并应检查被分离出来的水中的氯化物。

停止充油后再过一段时间（使用规程规定为 2 小时），即当轴承温度不再升高以后，应向轴承注汽轮机防护油（它是加有 0.5% 精制油酸的汽轮机油），以进行油封保养。汽轮机支持轴承由润滑油指示器的孔注入，汽轮机推力轴承由温度计孔注入。注油时用盘车装置将轴系转动 1.5 转，使防护油能挂在轴颈上，才能起到油封作用。轴承温度过高时，注入的防护油受热变稀，不能挂在轴颈上，经 12 小时后再次注油。

5. 保持机内干燥，防止锈蚀

当主机逐渐冷却时，机内温度逐渐接近机舱温度。机舱中的空气不可避免地存在一定湿度（按规定，机舱相对湿度应保持在 85% 左右），当空气与机器金属壁接触时其中的水分将附着在金属表面上，出现“发汗”现象，造成机器锈蚀。船舶汽轮机组一般装有干燥系统，将经过电加热器加热后的空气不断通入机内，使机内保持干燥。使用规程规定当低压汽缸温度降低到 50℃ 时，即可接通干燥系统，并在主机不工作期间使机内温度高于机舱温度（规定应高出 15℃ 以上）。由于金属壁面温度比环境温度高，空气中的水分就不会附着在金属壁面上，因而避免了“发汗”现象。

6. 检查测量

当汽缸温度降低到接近机舱温度时（使用规程定为停机后 12 小时），测量汽轮机转子和减速器第二级大齿轮的轴、径向位置，并做记录。当航行中发现机组工作不正常时，要用量规进行测量。

6.7 汽轮机在特殊工况下的管理需要注意什么？

汽轮机组的特殊工况是指船舶装载量变化、拖带、单机工作、浅水中航行以及螺旋桨露出水面等工况。在这些工况下，由于船体阻力、螺旋桨负荷发生变化，将直接影响汽轮机的工作。因此，运行管理人员应当掌握汽轮机组在特殊工况下运行的注意事项。船舶汽轮机组的特殊工况如下。

（1）离靠码头、进出港、狭水道航行、雾中航行时，锅炉和主机均保持工作状态，锅炉汽压保持高参数运行，船舶锚装置处于备便状态。

（2）大风浪航行时：

1）船舶指挥员应当选择合适的航向航速，避免螺旋桨出水。

2）合理调整船舶装载情况，减少油水舱中的自由液面，保证船舶的稳定性。

3）在涡轮增压机组吸入围阱上浪前，可打开涡轮增压机组自机炉舱进风的内部吸入口，采用内外混合进风方式。此时应当严格控制锅炉负荷，蒸汽压力调节阀开度不得超过限定值。

4）在涡轮增压机组吸入围阱上浪后，涡轮增压机组应当转为从机炉舱吸入空气。蒸汽压力调节阀开度不得超过限定值。

（3）倾斜状态下航行时：

1）长期横倾超过 5° 或者长期纵倾超过 3° 或者同时有横倾和纵倾时，操纵人员应当位于机旁操作并保持与遥控室之间的联系。

2）船舶长期横倾超过 10° 或者长期纵倾超过 5° 时，禁止锅炉工作。

（4）冰区航行时：

1）在进入冰区之前30分钟，船舶指挥员应当通知机电集控及损管中心将进行冰区航行；

2）进入冰区前和进行冰区航行时，电动消防泵的数量应能保证在吹洗海底门的同时保持水灭火系统的额定压力；

3）冰区航行期间，严禁主机倒车，只能依靠改变主机转速来实现船舶机动；

4）当船舶被迫在冰区停泊时，必须保持大轴转动，转速不低于30r/min；

5）有破冰船引导、船舶被拖船拖带时，禁止停止大轴转动，保持转速20r/min；

6）发现船体结冰后，应当立即开始除冰。当结冰厚度达到20mm时，应当采取紧急措施进行除冰；

7）严禁在气温低于－20℃或者软管结冰时，进行液货补给。

（5）被拖带时：

1）正常情况下船舶被拖带时，需要备便锅炉和主机；

2）因主动力装置故障被拖带时，应当尽可能保证汽轮制冷机组、造水机、汽轮滑油泵、日用蒸汽系统正常工作，船舶由柴油发电机组供给电能；

3）当船体破损或发生意外事故后，船舶在被拖带前，必须采取必要的措施平衡船体、恢复船舶稳定性；

4）备便损害管制器材；

5）船舶被拖带航行期间禁止随意动车，蒸汽盘车时，大轴转速不得超过30r/min；

6）当无法给大轴提供冷却水，且主机无法进行刹轴时，船舶被拖带的航速不允许超过2～3kn，保证大轴不转动；

7）尽最大可能保持水灭火系统的压力；

8）在正常情况下被拖带航行时，做好主机紧急用车的准备。

（6）浅水航行：

1）根据具体需要可运行一台主汽轮机组或两台主汽轮机组；

2）在水深小于50m的浅水区航行时船舶阻力增加，船舶指挥员应当根据水深情况及时降低船舶的航速；

3）在通过运河、航道时，特别是在水深 16～22m 的浅水区航行时，在能够保证船舶操纵性的前提下，应当尽可能地降低航速，并尽量避免倒车航行和主机回汽刹车；

4）加强检查海水系统过滤器的工作情况；

5）必要时交替使用电动消防泵、电动冷却水泵、汽轮发电机组、柴油发电机组等；

6）根据具体情况，定时使用压力水冲洗不工作海水泵的吸入海底门；

7）加强检查轴系，严密注意大轴的扭矩，禁止超过 1100kN · m；

8）避免船舶大舵角转向。

（7）热带地区航行：

1）根据具体需要可运行一台主汽轮机组或两台主汽轮机组；

2）在空气温度 30℃、相对湿度 75%、海水温度 33℃ 的环境条件下，船舶最高航速比额定最高航速降低约 4kn，船舶的续航力会降低；

3）加强检查冷凝器真空；

4）注意保持润滑油冷却器出口润滑油温度；

5）加强检查轴系；

6）加强检查电气设备的绝缘和工作状态，适时组织通电检验；

7）必要时定时接通不工作电动机的干燥器；

8）动力舱室通风转闭式循环；

9）启动适量的汽轮制冷机组；

10）加强检查蓄电池工作情况。

第 6 章　思维导图

- 汽轮机的运行管理
  - 启动
    - 暖机 → 减少热变形和热应力 → 按照暖机和试车程序进行操作
    - 试车 → 检查暖机质量 → 正、倒车交替进行数次
  - 冷凝器真空无法保持的原因
    - 射汽抽气器工作不正常或效率低
    - 循环水量不足
    - 循环水温度变化
    - 真空系统不严密
    - 冷凝器凝水位高
    - 冷凝器凝汽管结垢
  - 汽轮机发生振动的原因
    - 轴承方面的原因
    - 外部振动对主机的影响
    - 转子弯曲度增大
    - 转子重心偏移
  - 停止使用时需完成的工作
    - 充油和注油
    - 保持机内干燥，防止锈蚀
    - 检查测量
    - 停机疏水
    - 定期盘车，防止转子弯曲
    - 维持真空进行疏干和冷却
  - 特殊工况
    - 离靠码头、进出港等航行
    - 浅水航行
    - 热带地区航行
    - 大风浪航行
    - 倾斜状态下航行
    - 冰区航行
    - 被拖带

参考文献

[1] 刘大响，陈光 . 航空发动机——飞机的“心脏”[M]. 北京：航空工业出版社，2003.

[2] 黄树红 . 汽轮机原理 [M]. 北京：中国电力出版社，2008.

[3] 孙为民，关红只，乔永生 . 汽轮机运行与检修技术 [M]. 北京：中国电力出版社，2012.

[4] 张学学，李桂馥，史琳 . 热工基础 [M]. 3 版 . 北京：高等教育出版社，2015.

[5] 于立军，韩向新 . 热能动力工程 [M]. 上海：上海交通大学出版社，2017.

[6] 李建刚，杨雪萍 . 汽轮机设备及运行 [M].3 版 . 北京：中国电力出版社，2017.

[7] 余放 . 舰船推进系统选型概论：像舰船总设计师那样思考 [M]. 北京：国防工业出版社，2017.

[8] 陈林根，冯辉君 . 流动和传热传质过程的多目标构形优化 [M]. 北京：科学出版社，2017.

[9] 陶文铨 . 传热学 [M]. 5 版 . 北京：高等教育出版社，2019.

[10] 张心宇 . 船舶辅机 [M]. 哈尔滨：哈尔滨工程大学出版社，2020.

[11] 王学义 . 工业汽轮机技术 [M]. 北京：中国石化出版社，2020.

[12] 陈新亚 . 看图秒懂汽车原理 [M]. 北京：化学工业出版社，2021.

[13] 王滢，陈慧，赵小戎 . 船舶主机 [M]. 哈尔滨：哈尔滨工程大学出版社，2021.

[14] 张学镭 . 热力发电厂 [M]. 北京：中国电力出版社，2022.

[15] 王磊，鲁冠军 . 火电厂集控运行 [M]. 北京：中国电力出版社，2023.